人生感悟录

Inspirations of Life

凯风自南 著

西藏人民出版社

图书在版编目（CIP）数据

人生感悟录 / 凯风自南著 . ——拉萨 ：西藏人民出版社， 2023.9
 ISBN 978-7-223-07468-1

Ⅰ . ①人… Ⅱ . ①凯… Ⅲ . ①人生哲学－通俗读物 Ⅳ . ① B821-49

中国国家版本馆 CIP 数据核字（2023）第 106750 号

人生感悟录

作　　者：	凯风自南
责任编辑：	拉　珍
责任印制：	达　珍
封面设计：	旦真那杰
出版发行：	西藏人民出版社（拉萨市林廓北路 20 号）
印　　刷：	西藏福利印刷厂
开　　本：	850×1168　1/32
印　　张：	9.125
字　　数：	120 千字
版　　次：	2024 年 3 月第 1 版
印　　次：	2024 年 3 月第 1 次印刷
书　　号：	ISBN 978-7-223-07468-1
定　　价：	86.00 元

版权所有　翻印必究

自 序

　　人生就像奔腾向前的河流。在与昨天握手言别的琐碎中，每个人都不断远离光阴沉淀的枯枝落叶，积累起沉舟侧畔吐故纳新的勇气和能量。我们都是人生的创造者，在这宏大的叙事里，有的高潮迭起，有的平淡无奇，不管顺利还是坎坷，都有一定的相似之处，就是在健康正直快乐地生活，并且活出了不虚此行的模样。

　　光阴是此起彼伏的风雨，在时钟的读秒声中，我们感受着草长莺飞、日出月落，感受着繁忙或悠闲，感受着富足或贫穷。岁月老去得如此之快，似乎还没有仔细聆听命运的序曲，还没有整理好出发的行装和心情，人生亦走过了华彩的乐章，在容不得多余的停留和喘息中，滑进了悠远而难忘的回忆里。

我们是大自然的优选者，相聚在这颗孤独的星球上，是多么幸运和幸福！不管身处何方、从事何种职业，都要不辜负生命，活出自己。关键是认真打好两张牌：第一张牌是生活牌。要做一个健康高尚的人，有良好的追求和乐趣。要是还会弹奏一两种"有声有色"的乐器、会几个"有模有样"的运动项目的话，既能愉悦身心也能广泛交友；第二张牌是事业牌。人生在世，不能游手好闲、碌碌无为，要在实现自我价值过程中多做对社会有益的事情，这不关乎职位高低或收入多寡。一定要设定一个努力跳起来能够得着的目标，督促自己不懈怠、不观望、不停步。

良好的作息和守时习惯，永远是为人处世的"命门"和"七寸"，这是我几十年生活和工作的经验之谈。凡事都不能踩着最后一分钟去做，要充分考虑各种不确定性，打出时间的余量，要宁可等人，不被人等。不要试图为迟到寻找各种"理由充分的借口"，"爱迟到"的坏印象一旦形成，抑或只是偶尔一两次迟到，不知道需要花费多少口舌和付出多少精力去弥补。如果因为自己的不守时，造成工作失误，则更是不可原谅的过错。特别是参加一些重要活动或与同事朋友相约之事，要做到"宁可早到，绝不迟到"。一个人每天早出晚归，即便没有取得骄人的成绩，也能赢得领导和同事的好感和肯定，谁能说不会对你的人生有所助力呢？早来，是你的职业操守；晚归，是你的奉献和付出。要想成就一番事业，对时间的把控是第一重要的，也是既容易又极难长期坚持的事情。

要舍得吃苦，"刀在石上磨，人在事中练"本事都是一点点积累起来的。人生的高度总是与你的付出成正比，我们看到有些人进步快，似乎总能得到命运的青睐，殊不知是背后艰辛付出和持久磨砺的结果。当你把大量的时间花在歌厅、舞厅和游戏厅时，他人可能正在挑灯夜战，他们看似不如你潇洒自在，却收获了在成长道路上堪委重任的实力和先人一步的机会。对我们绝大多数人而言智商差距不大，大的是是否用心用功，是否有学习钻研和吃苦耐劳的恒心和韧性。年轻人朝气蓬勃，正在当打之年，一定要抓住机会，乘势而上。年轻时贪图安逸和投机取巧，那是以年老后的不安逸和"空悲切"为代价的。年轻人不要怕担事，不要怕做错事，年轻就有跌倒了再爬起来的资本。越多的事情压在身上，越能考验自己的毅力和激发自己的潜能，有助于在人生的道路上练就钢筋铁骨。"机会是留给有准备的人"，事业上没有特别的巧劲，你的汗水流得越多，你的海洋就越广阔。

"君子爱财，取之有道"。人的一生每时每刻都面临利益的诱惑和取舍。要取之有道，就是不栽赃陷害、造谣污蔑他人，不能踩在他人的肩膀上攀爬，这样胜之不武。此种做派即使能够获得成功，也很难让人敬佩。年轻人行走在世间，会面对各种考验，不是事情做对做好了，就皆大欢喜，对期间生出的是非，要稳得住心神。任何一件事都有不同的评价标准和观察视角，主观认为好事也未必能赢得满堂喝彩，要有做了好事还被人说三道四的心理准备。

写作本书，从内容到形式都受到了马可·奥勒留的极大启发和触动。奥勒留是千百年来的人生导师，事业做到帝位，对人生、哲学的思考也同样精彩。近现代的一些文学、哲学大家的真知灼见和论著，同样被我长摆案头，见书如面，虚心汲取。经历不同，身世各异，但传递的思想和情感都是一致的。说起来人性并不复杂，古今中外，多有相融相通之处。奥勒留说："要做一个自由、谦恭、无私、敬神的人。"敬神实际上是要人有所敬畏，放在当下，难道不是一个人该有的修为和修养吗？

各种人生都同样精彩，我只是把自己认为正确的观点提炼出来，与年轻朋友们一起讨论和共同提升。书中的每一页文字，皆是出自本真本心，希望对年轻朋友们有积极的引导，向善向美而行。人性里也许有自私、狭隘之处，但绝不能全是恶的基因和伪的动机，那将会是一生的拖累。

毛泽东同志说："恰同学少年，风华正茂。"对每个人来说，不论青丝满头还是两鬓染白，每一天的日出都是崭新的。远离庸俗和颓废，追求美丽、光明的生活，每时每刻都要"风华正茂"，活出"华灯初上"的感觉，这样才不会在人生的旅途中迷路和掉队。

祝愿亲爱的年轻朋友们人生如画，每天都呈现新气象、好未来！

写于 2024 年 1 月

目 录

卷一 读书 / 001

卷二 修养 / 013

卷三 性情 / 020

卷四 光阴 / 031

卷五 起居 / 043

卷六 静思 / 054

卷七 哲理 / 067

卷八 处世 / 075

卷九 意兴 / 086

卷十 景观 / 101

卷十一 诗文 / 109

卷十二 书画 / 120

卷十三 秩序 / 127

卷十四 童趣 / 135

卷十五 札记 / 144

卷十六 断想 / 176

卷十七 谈红 / 233

后记 / 275

卷一
读书

　　年轻时要多加强中华优秀传统文化的学习，古人先哲的教诲，涵盖人性、境界、处世、审美、情操等各方面，是他们终其一生的见解，这是属于国人自己的做人心得与人生智慧。学习修身养性和持家为政的道理，对于固守根本、自强不息、安贫乐道的精神塑造，有很强的校正功能。

　　善于学习是人生进阶之根本。但凡学习就要有谦恭之心，摒弃自满自傲的虚荣，否则所谓的学习也会变成心生芥蒂、排斥和挑剔。如果学习时有"唯我独尊"的心理作祟，又怎么能够虚心取别人之长补己之短呢？文正公云，"君子大过人处，只是虚心"，此千真万确！

人一日也不能放弃思考和进取。人的认识和境界的提升，必是日常思考和进取中不断积累沉淀的结果，而这思考和进取能让人摆脱漫无目的的时间流逝，在思想境界上取得"大隐于市"的超凡脱俗之效。如此，人生将变得更加厚重且有意义。

学习是一生之紧要事，要当成终身习惯来对待。除每日向书本学习，宜多交往年长者和领导，虚心学习求教取经。他们的阅历和经验，对于快速成长和学习从政之道，大有裨益、受益无穷。

要做得真学问。学问必须经得住时间的洗礼和研究者的质疑。学术研究不能只沉浸在自己的书斋里，故作高深艰涩，或把本来通俗的事物故弄玄虚，这样的学问初听辞藻华美，实则无甚新意，此种学问对社会发展和学术进步不会有真正的帮助！所以，做学问也需要在严格的学术框架下"经风雨、见世面"。

读书主要有两种功能：化人和乐己。化人是用自己的学问行权济世；乐己则是通过读书，自我享受，愉悦身心。前一种入世，是众乐乐；后一种出世，是独乐乐。读书，用所学的知识去造福人类，加强自身的修行，眼见的世界就不是一种颜色，而是五彩缤纷的了。

不动笔墨不读书。读书就要笔不离手，特别是阅读学术类书籍文章更是如此。边看边画边评边感，如有时间再回首翻看思考，乃读书之高境界也。

经典古书不可以不读。如书的质量不高，勾不起阅读兴趣，怎么会成为经典传承下来呢？既为经典，必是经过千锤百炼，优中选优。读经典古书一定要静下心来，特别是大部头的著作。现实中经常看到，有些人读书不能知难而进，往往只读了开头几页、几十页，就坚持不下去，这是读书的大忌。就像弹钢琴，只练习了指法，怎么能说自己会弹钢琴呢？只看了几眼的经典古书，怎能说已了解其中的精髓。

忙与闲都要找到适合自己的方式。闲，读书静思，忙，开动脑筋。读书静思，与作者对话，体味不同人生，是快乐、是享乐；勤奋工作，实现人生的抱负和价值，是快乐、是幸福。如果不能快乐开心，闲和忙都是无益的，是对生命的亵渎。

知识是谁也剥夺不了的财富，它同职位截然不同。职位再高，总有一天要落地，唯有知识不受时空限制。"活到老学到老"，这是谁都限制不了的权力，知识是真正不会离你远去的财富。

历史所谓的去伪存真，未必真就如此。读《宋史》方知，所谓"狸猫换太子"大戏，竟出自其中600字的记载。主角是宋仁宗、李宸妃和刘后。仁宗是李宸妃所生，只能由刘后抚养，这是当时的规矩，没什么稀奇。仁宗皇帝怀疑生母李宸妃被人所害，验尸后证明并不如此，乃厚葬之，没什么"惊艳"。但经过宋元明朝"史学家们"的演绎，竟像滚雪球一样，编排出几十折的大戏，诡异跌宕，善恶分明标签化，假历史竟成了真故事。

历史所谓的拨云见日，也许真是如此。早在春秋时期，梧桐树被当作不祥之树，有"梧桐大如斗，主人往外走"之说。《吕氏春秋》记载，周成王不信此说，"授梧叶以为珪"，说明周成王不但不把梧桐树当成不祥之物，还将其栽种在了府中。从物种传承来说，这真是做了一件大好事，否则这么高大的落叶乔木可能不会"满庭芳"了。

2022年5月，看了一部电影《神秘村》。电影讲述的是，因为惧怕村外森林中的猛兽，全村形成了一个封闭的空间，从村长到村民都在惊恐地传播着这只猛兽如何凶猛的消息，还煞有介事地说，已经有好几个村民被猛兽咬死了。于是乎，全村村民足不出户，躲在家里，越恐惧越觉得周遭恐怖，甚至还能听到村外经常传来猛兽的叫声。故事总有结尾，原来所谓的猛兽只是村长编造的谎言，目的是阻止年轻人离开村庄。后来即使知道了真相，习惯了恐惧气氛的村民还是不愿意走出村庄，更异想天开地认为猛兽真实存在该有多好，甚至认为没有猛兽的说法也是村长为了安抚村民的恐慌和焦虑而故意编造的谎言。一时间，猛兽是否存在，变得众说纷纭，越发看不透真相了。

　　石溪在《溪山无尽图》中题，"静生动，动必做一番事业"。人不能停止学习，要在静中学习修炼，必能成器。生活中有些行为看似静，实则动。静是外在，动是内在。一个善学习的人，未必要正襟危坐，或歪或斜或躺或卧或闭目或散步，也许有些思想和决策正是在这不经意间想或者做出来的。在报社工作时，床头总不离纸，只要有灵感或触动，必把自以为闪光的字句摸黑记录下来，第二天清醒了再进行誊抄，往往有很多意想不到的惊喜。之于我，最喜欢晨间的短暂时光，觉得脑子最为清醒敏捷，除了抓紧学习，极不愿被其他事情干扰。

常言道，"好记性不如烂笔头"。读书不易，即使读完整本书，书中空空如也，也不能算真读书了。就像去旅游，转一圈回来，没有拍任何照片，回忆起来，也许记得去过某地方，也许连去过的地方都忘记了。读过的书，要留痕，不只是勾勾画画，还要尽可能多写些感想和批注，并成为一种习惯。看书的过程中，把有感而发的文字记录下来，甚至就写在书的空白处，以一种集卡片的形式，把书读完。这本书的初稿就是以这种方式形成的。

梁实秋说，"学识出滋味"。真是说到了妙处。学识浅、眼光窄，可能就只知道日出而作、日落而息，感受不到潮起潮落的情怀，也不能体会出"床前明月光、感时花溅泪、天凉好个秋"背后的意境。没有马斯洛，解不开人的需求层次理论；没有曹雪芹，也体会不到林黛玉的愁忧滋味；没有张小风，也体会不到十五的月亮升起来的意趣！男性自不必说，女性有了学识，温婉中自多了一分高洁优雅知性之气。读书多好！

静下心来，还是要多读读名人大家的作品，确实出手不凡。不仅遣词造句的功底深厚，一些段落甚至可以奉为范本，而且文章立意高远，给人启迪。他们的作品见人见物，活灵活现；谈笑风生，自成一派，就不是一般人能有的风范了。有些大家的作品是人性和修为的流露，无不将他们从容不迫的主人翁姿态跃然纸上。一位知名演员说到演戏的窍门就是"从容"二字。可人生中有多少人能从容应对呢？从容不在职位高低、贫富贵贱，关键是有从容不迫的架构和处乱不惊的定力，这一点就十分不易。

生活中总会遇到一知半解的问题，虽无关痛痒，但遇到了就会马上去寻找答案。问题解决了，也长了见识。有时候一转身就放下了，问题就永远成为问题了。有一天醒来，发现布谷鸟的叫声没有了，似乎它的叫声也只在谷雨前后有，为什么谷雨期结束后就不叫了呢？是飞走了吗？这个问题也不是有关痛痒的大问题，但估计十有八九不清楚。马上去查，原来布谷鸟的叫声是求偶的需要。求偶成功了，它也就懒得再展示自己的歌喉。进一步了解到，布谷鸟不会自己孵化后代，而是把蛋产在其它鸟类的窝里，让别的鸟代为孵化，想想甚是"自私"。可自然界为它设定了这种"鸟设"，也未必它就是天生偷懒的主。就像喜鹊喜欢不辞辛劳亲自在树上搭窝一样，本性如此。虽然这些不是高深的问题，甚至连问题都算不上，但遇到疑问时第一时间求解，不是既长了知识又愉悦了自己吗？

读书是人生的一大乐事，最为廉价也最能由自己掌控。

读书不只是学者的事情,也不止学者会读书。现代社会充斥着干扰,不会给我们充足的时间,让我们静下心来读书,会读书就显得尤为重要。为此我总结了六条法则:一是不动笔墨不读书。读书不能偷懒使巧劲,必须笔不离手,把自己的感想随时记下来,重点标记出来;二是不读东拼西凑的书,包括一些合集。这类书缺乏系统性,看着是新出的书,可能时间跨度较长,这种书不可能站在时代前沿,且也不是经典作品,极易浪费宝贵的时间;三是要尽可能静下心来读名著或大部头的著作,这是一般人下不了的功夫。有一些名著装在心里,会增强十足的底气;四是要学会引申阅读。这是一个非常有效的读书方法。读到一本好书,要把书中提到的名言警句查找出处,对提到的人物、事件进行相关阅读,有利于加深对作品的理解;五是要跟随阅读。影视作品中提到的人名和事件都可以找出相关的书籍阅读,这样的好处是能够刺激学习兴趣,也有利于掌握改编作品的来龙去脉,实际上也增加了阅读的广度;六要进行研究式阅读。阅读本身不是目的,如果在阅读过程中能够独立思考,并形成自己的创新见解,是阅读的较高境界了。

为了写作本书,我比较系统地阅读了胡适、梁实秋、林语堂、俞平伯关于人生的著作,也是对旧文人和文学大家的敬意。"知其然必知其所以然"阅读的过程,也是文化传承的过程，如果不是阅读他们的著作，也不会延伸阅读张潮的《幽梦影》、张岱的《陶庵梦忆》、李渔的《闲情偶寄》、马可·奥勒留的《沉思录》、沃尔特·惠特曼的《草叶集》等，人生得失去多少乐趣呀！

在没有达到较高水准的文学素养前，写作绝不是一件轻松的事。写作一生相伴，考试时作文占不小的比重，从事工作后写作更是如影随形，等职务晋级到一定层次，审改公文又是必备的技能。现在的应试教育对作文优劣有一套标准，难怪各种各样的写作培训都有一定的模板和格式，运用得好，可以拿到高分。船是过河的工具，内容是船载的货物，都是重要的，缺一不可。没有哪个老师不讲写作的技巧，就像不管造诣多深的书法家，孩提时也要先学习正楷。经过初步的训练和生活的积累，自信心增强，才能把技巧和内容、临摹和个性结合起来，形成一家之文之字，达到文如其人的效果。

什么样的书算爱不释手的书？对我而言，一个简单的标准就是书越读越感觉短，越读越不想读完，甚至担心读完，如加西亚·马尔克斯的《百年孤独》。有些书则成为每天的享受，随便翻开一页，读着读着就会拍案叫绝，如曹雪芹的《红楼梦》。有的书虽不成体系，但每有真知灼见，特别增长见识，因为短，有趣，特别适合在各种闲暇时读，如张岱的《陶庵梦忆》、俞平伯的《燕知草》，还有一些好的文学短篇也是如此。

做学问的人，一定要花时间读一读李渔《闲情偶寄》，不要被"闲情"两字所迷惑，实际上一点也不闲情。李笠翁用半生经历写就此书，涉及衣食住行、唱念做打各个行当，是既有理论又有实践积累的佳作。特别是前半部描写戏曲创作之法，延伸到的舞文弄墨在各个领域都适用。如谈到宾白的"高低抑扬""缓急顿挫"，与我们今日之演讲、朗诵皆有异曲同工之妙。李渔啊李渔，授人以"渔"了。难怪在书中他不时冒出几句只有他把秘籍和盘托出的感慨。

名著的素材来源：第一类来源于传记史料。尊重史实，丰富润色，此类书目很多，如《三国演义》；第二类来源于旁征博引，广泛收集。根据掌握的资料取长补短，提炼演绎，如《水浒传》；第三类来源于神话传说。天马行空的想象，没有相关的生活体验，纯粹靠丰富想象，如《西游记》；第四类来源于生活经历，但更多的是合理推演，如《红楼梦》。今人喜欢对号入座，殊不知襄王"阳台一梦"乎。幻妙之境，胜于真实十倍，其理不可以不懂。

读书享乐，握有乾坤之气，又有什么比此更惬意潇洒之事呢？暮色苍茫，天地辽阔，心乐则万事皆乐，心愁则万事皆忧。既已沉迷读书，自有万千雄兵，相伴终身，乐境自生。

读书是最自由之事，既长知识，又能结交志同道合的朋友。当细细揣摩作者写作时的神态和情趣，读书已经入木三分了。读书不分作者年长年幼，古今中外，好书共赏，是人生的一大快事。生活中常常有朋友推荐好书，读起来津津有味，相见恨晚。把自己的体会与友人、与作者分享，自感得意洋洋矣！

看到作者旁征博引，自是佩服不已。一篇好文章引用几处名家的文字，既能为自己的观点作注，也能为阅读者提供很多读书的线索，功莫大焉。善读书者，不只是把阅读局限于文章本身，还要养成举一反三的习惯，看到一个典故、一段诗词歌赋、一段名人轶事，尽可能做延伸阅读，可以加深对诗文的理解，也能使自己的阅读面、知识面得到扩展。

在新闻媒体激烈竞争的背景下，新闻工作者一定要清楚，你写的每一篇文章、每一个文字，都要对此负责，读者读后要有所得。因为读者是花钱买的报纸，如果水面文章，自己都感觉无甚益处，这种报纸送到读者手中，又有什么意义呢？如此，估计梁实秋认为的"报纸以每日三张为限"都多了，一张就够，也许一张都不需要了。

卷二
修养

为人之要有三原则：诚，要像蓝天白云一样透亮无欺；勤，要像牧羊犬一样，时刻奔跑，永不停歇，随时准备出击；慎，要像胆小的麻雀一样谨慎警惕，才能免坠深窟。此三原则，在人生的每一阶段都要牢记。

过分顾及和体谅他人，未必是保持良好关系的不二法门，这不关乎道德评判。叔本华认为："对任何人我们都不可以太过迁就和热情。"对人迁就不算坏行为，但过于迁就，他们会理所当然地认为你"应该容忍和接受他们的某些行为"；会反使别人自我感觉良好，变得自大自满起来，特别是对一些没有自知之明的人更是如此。在人际交往中，有时候露出些许锋芒，未必不是让双方保持清醒、平等和尊重的良策。

我们大多数情况下，不敢直面自己的错误。实际上，最了解自己的人是自己，只是不敢或不愿意否定自己而已。从意识的深层次分析，每个人都会自我护短，会通过掩盖自身的真实缺陷维持自尊和虚荣心。当一个人说自己愚笨时，只当其谦虚，真正愚笨的人会说自己愚笨吗？有些人一方面把自己的缺点隐藏起来，另一方面又会把别人的缺点无限放大，甚至主观上会为他人的每一项工作都进行负面评价，这些人又怎么能公正地对待世间万物呢？

情绪是个人心态和境遇的真实反映，而情绪的好坏会通过语言和肢体动作反射出来。当一个人对另一个人怀有恶意时，不管语言看似多么轻柔和卑微，其不屑和无理都会从细微处透露出来。一个人无论怎么伪装，其面具都会在不经意间掉下来。

共事交友贵在赤诚、质朴、少私，此是做人之根本所在。有了赤诚，则不怕地动山摇，流言蜚语；有了质朴，则心胸坦荡，坦诚相见；少些私欲，则能把别人的利益放在前面，自然会得到更多理解和支持。因个人愿望不能满足而生怨生气，易造成众叛亲离，格局越来越小，心情越来越差，此是需要谨记的道理。

私心杂念就像水中的蜉蝣，虽然微小，但是莽撞。不为私心所扰，在私心萌动时，及时制止打压，不能屈服于此自我降格，一生才会坦荡。

既来到这个世上，就不要避世，认准目标努力去争取。要有平常心，以公平正义对待一切，即使达不到目的也不必懊悔和自责。看淡一切，并不是消极退让，而是从自身能力和环境出发，正确看待得与失。人生在世，奋斗过就无所谓得失，一切都是最好的安排。

争胜、嫉妒、猜疑等不良情绪，会直接把你打进情感的牢笼。你不能阻止别人的议论和误解，也没有能力去改变别人的想法，何必把自己搞得身心疲惫、无法解脱呢？

要大度起来，宽广起来。别人收获的，与别人的付出成正比。人的欲望永无止境，多想想别人没有而你拥有的东西，自然乐乐然了。

人的大脑是一个神秘的储存器，一生下来，就打开了记忆的盘符。好的记忆存下，不好的记忆也存下，甚至刻录得更深。当消极的记忆冒出来时，要及时转移清盘，而不是复盘，让不好的情绪滋生蔓延。

　　别人的成绩是别人奋斗出来的，你的高度则是你的修炼的结果，不要总想着别人的荣华富贵，不同的人有不同的生活轨迹，安贫乐道足矣。马可·奥勒留说："当你的环境好像是强迫你烦恼不安的时候，赶快敛神反省，切勿停留在那不和谐的状态之中。"说得多好。

　　每个人都有烦恼，要不怎么说"人生不如意事十之八九"呢？别人有风光处，也有烦恼和不如意处，生在这个世界上谁会像神仙一样"无有挂碍"呢？

　　时空是可以相对静止的，如果一个人进入静默或冥想状态，减少了能量的消耗，是否就会相对延长他的生命呢？

　　生活中常有妒火中烧，为自己不能控制的事情而徒增烦恼。实际上是多么无益啊，你能左右的事情要去左右，左右不了的事情与你又有什么关系呢？要及早对那些事情"不闻不问"。

不要期望一切都如你所愿，那是绝对不可能的。不如意的事，有的是外部"增加"给你的，有的是自己心里"酝酿"出来的，你唯一需要保持的就是一颗平常心。

不怒是人生最高的修炼和境界。把怒当成一种管理手段，虽事出有因，但也不多提倡。如果怒是因为控制不住自己的情绪，怒气冲天和肝胆俱颤，就可能是一种心理疾病了。知一人好怒，以为他是故意"杀鸡儆猴"，后知其是因为控制不住自己的情绪。如此管理者采用"踢一脚"的老套管理方式，怎么能带出一支优秀的队伍来呢？

古希腊犬儒学派的奠基人安提斯泰尼提到，"行善而受谤，这乃是帝王的本分"。可在这个星球上，谁能有这种修为和境界呢？善良的人不改变善良的本性，不行不义之事，倒是极其需要的。

在面对闲言碎语时，不如坦诚相待，使自己的心灵得到解脱，专注于自己所感兴趣的事情。你选择放过这一条简单聪明的办法时，任何的闲言碎语就不会进入到你的脑海，无法起作用，也就不能对你造成伤害。

打坐或扎马步是一种很好的理气入静、疏通思绪方式。

在生气或郁结的时候，可以试着做一做，让自己进入无我的状态，就会窗明几净，繁花盛开。借此调理自己的身心，以便轻装上阵。

马可·奥勒留作为一世英主能够洞察人性善恶，开出智慧的药方，值得闭目深思。当你陷入歧途或迷宫时，不妨去看看他的《沉思录》，定会减消你的烦恼、苦闷和所谓的"不如意"。

有的人总习惯于讽刺、挖苦他人，也许他是无意的或无关痛痒，反唇相讥可以，一笑了之也是大度和智慧。过一种精神富足的生活是多么快乐，因为高尚的品德、富足的精神世界，自然人人热爱、喜欢。

一个管理者能在私底下批评的人和事，就不必在大众目睽睽下广而告之，一个人的自尊比金子宝贵，如果你当众批评下一级管理者，日后他还有自信去管理别人吗？你的批评不仅损害了他的威信，也容易造成部门不团结和部属异心。可有些拙劣无能的管理者总故意在众人面前批评他人，以显示其"权威"，实则是降低了自己在他人心中的尺寸。

你一生都需要与心魔抗争，不要羡慕任何人，每个人都有说不出的烦恼。只看到别人的荣耀和收获，只会增加于事无补的挫败感。即便站在高山之巅，也会有浮云的侵扰。

人经常反躬自省会减少很多的怨恨、误解和猜疑，亦不会要求别人事事让自己满意，就像你也有想不到或做错事的时候。看淡他人的过失，及时调整心态，实在是大有裨益。

乐善好施的前提是有施的能力，善事多多益善，从本质上来说，似也要量力而行。行善之人，难道与乞丐、流浪者为伍，才能算善得彻底吗？如此，可能只是多了一个流浪者而已。菩萨心肠，道法自然，善念也是善行。

经世之才，必从小磨砺。管理者必具有管理者特质，而不是专行鸡鸣狗盗之事。作为领导者，一定要心胸开阔、知人善任，大气包容。

一个人的修行是一出生就要教育引导，此谓"近朱者赤，近墨者黑"。家风一代代传承，家风不正，家业兴旺也难，家风向善，自有天助人助！不做善事，常忧鬼怪敲门；心有善念，自鬼神随身不惧。

卷三
性情

　　人类的情感会受到本体思维的影响，有时这种影响会超越物理属性而强烈存在着。一个客观存在的物体，会因不同人的判断标准而得出决然相反的结论。一个人情感到底来自哪里，是如何被物质世界决定又反过来影响了物质世界呢？想必机器人再怎么进化，也演绎不出这么复杂、奇妙且神圣的情感吧！

　　只要生活在世俗中，人一生都要同嫉妒、狭隘作斗争，而超越嫉妒、狭隘又是多么困难。一个人的成功需要能力、机遇还有一些运气，这一切又不是人人能够具备或是可以左右的。要清楚的是，我们能改变的唯有精神世界，自己是自己精神的主宰。高贵的精神可以通过自己的修炼实现，而这又是其他人难以剥夺的权利。腓特烈大帝认为，"具有优越灵魂的人占据和帝王同等的地位"，高贵的精神是每个人近在咫尺而又极难达成的高级成就。

"志存高远的人要超越他自己的行为和判断，甚至也要超越公正本身"，尼采的这段话有很强的现实带入感。公正既是一种具体行为，也是一种价值判断。一个有理想追求的人，只要有坚如磐石的精神世界，其他看似公正而实则非公正待遇或负面评价就不会影响心情，阻碍自己前进的步伐。

人的气质归根究底是来自于对世间万物的看法。拥有宽广包容之心，则会将万物视为平等，关爱一草一木，与日月星辰对话；拥有大爱正义之心，则会善待众生，不分老幼、不分贫富、不分智者还是愚者；拥有纯净健康的心灵，则会天地澄明，海晏河清，练就崇高的道德操守。

我们要弘扬与人为善的中华传统美德，同时也要对有劣根性的人保持必要的警惕。叔本华提出，"人的性格是不会改变的,一旦忘掉了一个人的某一劣性,就跟扔掉了我们辛苦挣得的金钱一样。这样,我们才不会与人过分亲密和与人结下愚蠢的友谊",有了这种认知,不管那些有劣根性的人如何进行粉饰,你都不会轻易上当受骗,掉进被他设计好的陷阱而浑然不知。

一个人的品行是长期修为的结果,是内心的真实形态,会不自觉显露出来,难以伪装。常言:"日久见人心",善者即便故作凶狠,也自带善良的初衷;恶者即便用美丽的饰品装扮,也难掩虚伪,破绽百出。

人生路长,多有起伏,应以先人后己、真诚相待打底。守住这个底线,即便事业不顺,也能用日常积攒的人脉排除万难,在增加人生厚度基础上,取得更为扎实的进步和成绩。

圣人、贤人、仁者、君子,你是哪一类呢?一个有理想的人,要远离丑陋的恶,靠近美好的善,修己安人,在此基础上,如能教导恶者忏悔并向善,是生而为人更高的追求了。性善是人最本质、最宝贵的底色,是社会正义和进步的基石。培根认为,善"在一切精神的高风亮节中是最伟大的"。还认为,"有些人在天性中就有一种行善的倾向"。同时培根认为有些人天生就有作恶的基因，这些人"连舔拉撒路的疮的那些狗都不如，只像那些总在烂东西上嗡嗡叫的苍蝇"。这些人的典型标签就是嫉贤妒能、诽谤中伤、幸灾乐祸、落井下石。

无人背后不说人，无人背后不被说。不信不传，大德也。在人世间行走，好话未必能传到他人耳朵里，坏话肯定会传到他人耳朵里。

有时候合乎自然之道，未必就有好的结果和得到赞许。不是自然之道不好，而是生活在社会上的人掺杂了许多的评判标准，使你不得不妥协、退让，甚至蒙受委屈和不理解，此时正是考验你格局和境界的时候。

生活中本性高洁，脱离低级趣味的人，在处理问题时就能够放弃一己之私，办事公道正派，不掺杂任何寻求回报的企图，不为私情私利背叛原则，这应该成为做人的基本操守。如能做到这一点，就与三国时的羊祜无二了。

如果人生目标只是为了获得升迁和金钱，这样的人生目标太过狭隘。罗素说："约束在适当的范围内的权势，可大大地增加幸福，但把它看作人生唯一的目标时，它就闯祸了，不是闯在外表，就是闯在内心。"现实中有多少人误入权力和金钱的歧途而难以自拔啊！

"贵远贱近，慕古薄今，天下之通情也"，不管对前人有多少不满，都只留下了美好；不管今人多么好，留下的都是不足和缺陷，或许我们每个人都有这种"心理疾病"。"慕古薄今"有时候也成为"借古喻今"，随意勾连，这是杀伤力极大极狠的陷害之法，这种下三烂的伎俩往往屡试不爽，值得警惕。

古人云："知足不辱，知止不殆。"乃人生大道理也。人的贪欲感极强，得陇望蜀是其本性，对权力、财富的追求是无止境的。因为无止境，总有不如意和挫败感，怎么会快乐起来呢？李渔认为，"以不如己者视己，则日见可乐；以胜于己者视己，则时觉可忧"，虽不是特别积极的态度，但也算较好的心理疏导。

人的快乐要发自内心，而不是外在的强颜欢笑。如果没有欢乐的土壤，任何做给人看的表演式快乐，都不能持久地让人精神愉悦。

人生一世，无外乎做两件事——善事和恶事。远离恶事，是做人做事的底线，特别是为官者要心存善念，多做好事、善事，当是本分。做好事虽未必一定能够得到好誉，但只要不伤筋动骨，做他人茶余饭后的谈资，也算"助人为乐"了。

朋友的帮助要时刻铭记，每当对朋友有怨言时，要多想他对你的帮助。朋友之间，关系好的时候，不忘乎所以，一味索取；关系不好时，也不落井下石，相互攻击。在现实生活中，看到有些"好友"反目成仇，相互揭短露丑，实在是突破了做人的道德底线。

有些人不可交、不可共事。因为他总是看似"好意"地陷害你，以满足他个人的私欲。有时候也会貌似不经意间造谣，以各种隐蔽的形式到处说你的坏话，此法具有极大的杀伤力，无论多么春风得意的成长环境，都不是世外桃源，都会面临恶语、责难和非议。对坚强的人来说，这些恶意中伤会成为使其清醒的良药，而不会因此消极退让，受那些流言蜚语左右，他们深知这样正中造谣者的下怀。

人际的交往不能变成交易。在不健康的社交环境下，朋友、同学、同事甚至家人的聚会，也可能会成为名利场，这种功利性会使相互关系没有多少真情实意可言，更谈不上让人开心快乐。

有人说过，经营友谊一辈子，破坏友谊一阵子。友谊像天上的白云易吹易散。世上易碎的不仅有玻璃器皿，还有亲情友情。即便每时每刻都在无私呵护，仍经不起有意无意的误解误会，也许一件事、一句话或一个眼神，就能友情亲情冰火两重天。

朋友知己需要经历"千山万水"，人生匆匆，回首一望，坦诚相待的又能有多少？翻开日积月累的通讯录，在成千上万的电话号码里，你又能记得多少人的音容笑貌呢？

有些朋友不共事时貌似是朋友，共事了反而疏远了，概因为这种朋友总想着利用已有的关系谋一己私利，他提的要求你满足不了或没有给他特别关照，则心生怨念，连普通朋友都做不了。这种朋友不会体谅你的苦衷，更不可能替你分忧，一旦有风吹草动，必退避三舍，不交也罢。

待人真诚率直，虽人生失意，亦有可爱之处；待人虚伪奸诈，虽享荣华富贵，亦无人深交。

交友的秘诀是"友直、友谅、友多闻"，此友一生寥寥数人，实难求全，得其一也算幸事。长久的朋友，要给足朋友台阶，见败补台，见好就收。不能任性气盛，只顾各自的利益。远离名利，这样才会交到益友。友情才能长久。

坦诚相见的友情和为了某种目的的"友情"从本质上是完全不同的。真友情是值得传颂和讴歌的美德，当你可以向朋友无所顾忌地"倾诉你的痛苦、欢乐、恐惧、希望、猜忌、规劝，以及压在心头的一切"时，这种能够分享的情感是人和人纯洁关系的升华，甚至超越血缘的纽带。

情遇痴则无拘无束，收放自如，但此情必须出乎于心，发乎于自然，才永恒持久。

好看的外表需与丰富的内涵结合起来，才有足够的魅力。有的人外表光鲜，夺人眼球，一见钟情，二见无语，三不想见。有的人虽相貌一般，但学识渊博，谈吐不俗，亦觉外貌无足轻重了。美貌不能跟随一生，大可不必羡慕，更不要东施效颦，使自己不伦不类。培根说："德行犹如宝石，镶嵌在素净处最佳。"美丽的容貌不能长久，优秀的德行历久弥香。

交友贵在相知。你了解他的过去，未必了解他的现在；你了解他的现在，未必了解他的过去；你了解他，未必了解他身边的朋友；你洁身自好，未必你身边的人都能做到。

即使都没有问题，未必不会无意中被利用或躺枪。

因私利没有满足而造谣中伤、怀恨在心者为小人也，忘乎头上三尺有神明。此类人贪得无厌，侵犯到个人利益，立马翻脸不认人，不值得深交。如不能维护正义和真相，避世迎合，亦不能称之为人品高洁。

"鸟见其类而后鸣"，人也一样！与观点相近的人在一起能产生更多的共鸣和启发，与观点相左的人在一起则"话不投机半句多"。当然，这一切都要以公正客观之心打底才行。

有的爱海枯石烂不变，有的爱浮光掠影易失，是常情常理，否则不会有王右军"情随事迁"的感慨了。但又有多少人放不下，为情牵挂，悬于心中，难以释怀。心中"面朝大海，春暖花开"，此无尘埃之想也。

人之言行皆有用意，不管是真情流露，还是虚情假意。一个人无论多么巧舌如簧，口吐莲花，其表里不一的言行会像沙漠里的山石，一目了然。有的话语顺耳，但背后的用意可能险恶；有的话语烦腻，可能是复读机式的传话。对不中听的话语，也不能堵住逆耳的言路，否则天下人都知道了，只有你不知道，也是可怜。

　　好友之间经常有小礼物相赠，也是人际交往的黏合剂，只要不是利用与被利用或出于某种隐藏的目的，就无伤大雅。朋友之间赠送的小礼物既要符合主人的品位，也要有观赏价值，否则花钱反而给朋友添鸡肋。梁实秋在《我的人生哲学》里谈到收到礼物的困扰，在现实生活中也会遇到。一只雕刻精美的木象在运输过程中被碰断了鼻子，多么扫兴呀。扔掉？辜负朋友的心意！放在家里？着实心痛添堵！还有一对小木马雕刻得笨拙生硬，根本就不能算作艺术品，这种东西放在案头没有一点美感，真是浪费木头和工匠的时间了。诸如此类，赏之无味，弃之可惜，大大降低了其应有的价值。

　　不能强求每个人凡事"先替他人打算"，但应该有起码的礼让意识，相互尊重、理解，误解和矛盾自然就少了。

　　气味相投，不只是人和人之间，人和自然之间也有。当你闻到野草的清香，大白杨的木香，茉莉的花香，这些气味如能与你的精神之气相融合，将会使你身心愉悦，沉醉其间。遇到与自己气味相投的人和物，大抵是心灵相通的最高境界了。

寻求别人帮助时，一定是自己尽了十分力气，不得已而为之。总有一些人缩在后面，让别人去付出劳动，希望坐享其成，这是十分消极的人生态度。还有些人对别人的事情漠然处之，遇到自己的事情比火烧眉毛还急。常言帮人助己，怎么能一味地索取而不付出呢？

一个人受到他人的喜爱和追捧，一般具备三个条件：一是天性善良，德行高雅，不与算计、淫巧为伍；二是个性恬淡舒适，学识脱俗，举止得体，有别人不具备的独特魅力；三是情感丰富，真诚自然，永远是一瓶刚打开的玫瑰露，在自己周身芳香的同时，也让周遭人感受到余香缭绕。

卷四
光阴

　　每个人都会攀登到人生的不同高度，经过自己的勤奋努力达到的高度，就是成功的高度，不必在乎这一位置的高低。而是否勤奋努力的标准就是看自己有无克服思维和习惯中惰性。思维惰性的表现是安于现状、不求创新、凡事求稳；习惯惰性的表现是自由散漫、懒惰安逸、缺乏时间观念。如果你带着这两种惰性，怎么会取得让自己满意的成绩呢？

　　磨炼能够淬炼出人的强筋壮骨。年轻人要放在社会环境中培养，而不应放在溺爱的温室里过度呵护，否则进入社会后就难以适应多元、复杂的环境，极易造成精神障碍和性格孤僻。在曲折中不屈服不颓废，经受住炼狱之苦，才能锤炼心性，抵御风吹浪打，走稳光明正大的人生之路。

养成好习惯，虽不至于从一出生就开始培养，但习惯就像人的本性，一旦形成，难以改变。比如刻苦勤奋、顽强进取、不折不挠、恪尽职守等习惯，是对自由散漫的一种规制和重塑，就如同对一棵多枝干的树木进行大刀阔斧地修剪，要付出取舍和痛苦才能完成。一旦习惯养成，在他人看来如"苦行僧"一样的生活方式，对自己而言是像吃饭睡觉一样自然的日常行为了，至此好的习惯会成为"人生的主宰"，让你终身受益。

行走在人世间总会有心灰意冷的时候，自己的自尊、自信面临严重的挑战时，有一种身坠悬崖的无力感。此时应该优先考虑心理的解脱，尽快找到走出困境的思路，并说服自己不能丧失自尊和自信，更不能自我沉沦和自我作践。

在现在的岗位上难以施展才华或得到提拔，有时是内部因素造成的，有时是外部因素造成的。遇到这种焦心的境况，最好及时腾挪，正所谓，"人挪活，树挪死"。也许换一个新岗位，你的专业、学识、特长能够与之匹配，事业成功的几率也会得到增加。

年轻人是社会进步的重要推动力，要保持活力和舍我其谁的进取精神，凡事不能只求四平八稳。即便有时言语过急，行为失当，但只要出于真情真意，且没有触碰底线，就不要过多地指责，更不能"一棒子打死"。社会应建立"容错机制"，提倡甚至鼓励年轻人敢冒敢闯敢试的行为。

人生就像下一盘大棋，100步走对了99步，剩下的一步走错，也有可能满盘皆输，即使不是自己走错，而是外部环境发生的变化致使自己出错，也有口难辩。所以，人生在世，要事事进取，处处留心，提前审时度势，才能避免"须臾之倾"。

生活如奔涌向前的河流，不管有多少曲折，都不能有堵点，否则形成堵塞，就难以奔腾起来，只有规划好前进的路径，及时疏通堵塞，才能一往无前。

尼采说："你有一个高贵的理想，你是否高贵得足以建立一个庄严神圣的形象，丝毫不显出粗俗的斧凿痕迹。"

此是人生追求的较高境界，概括说就是要做到目标高远、形象高大、行为高明，这"三高"不仅关乎智慧，也关乎人品。为自己设定的奋斗目标是要落到实处的自我追求，而不是堂而皇之的招牌和诱人的口号。说多了，多大的志向都是"画饼充饥"！

人生犹如一场马拉松式的赛跑，比的是韧劲和耐力。善始者，只能说没有输在起跑线上，未必能永远领先。只要踏上这条跑道，就要时刻抖擞精神，不可懈怠。系好了第一粒纽扣，还要系好第二三四粒纽扣，才能成为善终者。

行走在人生旅途，要学会做加法和减法。学会做加法，就要多学习，多充电，多积累人生阅历，把每一次的磨难当成乐章的变奏，累积起来形成应对各种考验的"秘籍"；学会做减法，就要大事记住过程，小事忘记细节，凡事不过于纠结旁根末节，把宝贵的大脑空间腾出来，装进美好的事物。人生要学会打理，该记住的多多牢记，该忘掉的不要背上包袱、自寻烦恼，如此就离幸福快乐不远了。

最美北京五月天。花园树木一片嫩绿，喜鹊忙碌着哺育下一代，俊男靓女换上了漂亮短衣，一位父亲在耐心地教女儿轮滑，人生的快乐美好不就是如此平凡又简单吗？

不论光明，还是黑暗，都是岁月留下的影像。

每个人来到这个世上，都有自己的使命，做你该做的事情就好。人生就是接力奋斗，没有未完成的事业一说。每个人都会经历从生到死一个完整的生命之旅，不用悔恨，也不必遗憾。

身与心相抵触，生活如同嚼蜡一般，没有做事的欲望和意趣，即便做事也灵感全无，周身不自在。追寻身心合一，才能有生活和工作的动力，才会带来身心健康愉悦。

不要让生活充满叹息声，要享受每一天的日出，因为时间在无情地逝去，灿烂也会逝去，忧伤也会逝去。不管是人上人，还是人下人，都会如常地走完一辈子，要像燕雀那样过好当下每一分每一秒才对。

纯洁美好的心灵就像蓝天、白云、绿叶一样，灿烂无比。一个人的心有多大，宇宙就有多大；一个人的心有多丰富，精神就有多健康。

在一个工地的喜鹊窝，竟是用一截截钢筋搭起来，嗟叹！这是多么艰苦的"大工程"呀。为了生命的延续，它们不辞辛劳地起早贪黑，劳作本身不是目的，开心快乐才是！

喜欢连成一片的喜鹊和声，就像听到雨后持续的蛙鸣，充满活力且无拘无束。他们是多么幸福的"一家人"，才能奏出这一连串美妙的和弦。

悲和喜都是一时的情感。花费很多的心思去做一件看似自我满足实则劳而无益的事情，如果没有特别需要珍重的意义，这样的事情还是少浪费心血为妙。

请记住这句话："明天的太阳会照样升起。"虽然我们无法制止产生不良的情绪，但我们可以缩短它存活的时间，遇到烦心事，要尽快找到解脱的办法，要相信痛苦总会过去，不以物喜，不以己悲。

高中老师讲了一个故事，一个人老觉得家里有臭味，寻来寻去发现是一件藏品散发出来的，即使清理了几次，气味还是挥之不去。怎么办呢？老师给出的答案是：扔掉！舍得断舍离，是最好的解决办法。

喜鹊的叫声传递着不同的讯息。养育小喜鹊的喜鹊妈妈是非常辛苦的，可它的叫声显然是轻快和开心的，或许小喜鹊绵绵的叫声就是喜鹊妈妈缓解疲劳的解药吧。

老唐随乐起舞，我行我素，忘情忘形，唯我独尊，虽不属于豁达慷慨之列，亦活得洒脱自然。虽然经常被不理解他的人误称为"怪人、疯子、精神病"，但不为所动，真自我也。

早晨听到喜鹊睡意蒙眬的叫声，与人睡梦中呢喃之声多合一契，再想到晨光初起，万物复苏，纤姿灵动，着实让人激动。

清代有一个地方官员听说猪肉贵，满脸疑问："人们为什么这么死心眼，不去吃对虾呢？"他觉得对虾便宜，营养价值还比猪肉高。不能由此说这个官员就不是一个好官，估计是上得厅堂，没有下过厨房而已，要不就是有门路买到比猪肉便宜的对虾。本就是两个不同的时空，一边是朱门酒肉臭，一边是路有冻死骨，只要有沟壑存在，不可思议的反问也没有什么不可思议。如果知道平民生活不易，能够体察民间疾苦，就算给他一百个胆，也不敢发表这种有损形象的"高论"了。

电视机的更新换代有目共睹。从厚重的晶体管电视到曾经以"无辐射"作宣传噱头的投影电视，再到现在轻薄的液晶电视，尺寸也从原来的9寸12寸，增大到70寸80寸，甚至有了百寸以上的电视。社会发展一日千里，电视除了外在形象得到了改变，其内在的节目内容也随之越来越丰富，人们的审美越来越多元，不会再出现《渴望》那种万人空巷的场面了。社会的发展还体现在人们对电视广告的接纳上。以前人们对插播广告、植入广告很反感，节目制作方也刻意回避，不敢"死植"，现在对观众来讲，电视制作方为节目花费了大量制作成本，只要节目好看，植入一点广告也在情理之中。有时候产品广告设置进剧情里，反而成了一个包袱和笑点。

童年的记忆总是印象深刻，这也是人生经历的妙处。比如看电影。记得孩提时最早看的电影是幻灯片《红灯记》，有专人配旁白，虽不是声情并茂的那种，但听到"刀劈鸠山就是好"时，同样情绪激动。再后来就是长期占领屏幕的胶片时代了，有时候一部抢手的影片会在不同的放映点接续放映，往往等片到很晚，不过"好饭不怕晚"，等到还好了，有时候等一晚上最后也没等来，只得悻悻而归。张艺谋导演拍了《一秒钟》向老电影致敬，里面的很多场景都能说见到过，如烧胶片、手影、站到屏幕后观看、早点占座等等。当时片源极度匮乏,有些电影即使看了好几遍,还是看得津津有味。到数字电影时代,电影制作发生了根本性变化。在放映形式上有了宽银幕、立体电影、沉浸式电影,现在发展到网络电影,并且电影与电视剧的界限越来越模糊,电视节目制作越来越精良。社会是一个综合体,进步是全方位的。任何事情的演变都与社会经济发展和科技进步紧密相连,电影也一样。

"乌云散,明月照人来",多么委婉缭绕的吴侬软语啊,想到了窈窕淑女。广场上播放这首优美的曲子,不是一遍,而是无数遍,在这种嘈杂的环境里,怎么可能会有烟雨朦胧的味道呢?

痛并快乐地活着,这快乐不只来源于生活,还来源于工作。

生儿育女,千万不要有被感恩的企图。看着喜鹊含辛茹苦地忙累,小喜鹊长大后却"六亲不认",作父母的还期待孩子们的报答吗?父母对孩子的情感和孩子对父母的情感是不能画等号的,父母不要对等地希望孩子作出感情回应,想想自己如何对待上辈的情感,就不会对孩子有更多的苛责。

不管承认不承认，我们大多数时间生活在烦闷和忧郁之中。生活中有阳光灿烂，也有阴雨霏霏，更有狂风骤雨，而这往往又不能如你所愿地克服。保持生命的素雅和恬静，才能少受到烦躁不安的侵扰。而我们所谓幸福的生活，大多来源于心灵的安稳，这种幸福是属于自己的，不受外界的左右和束缚。

素常看来，有些事情容易不被理解，甚至被曲解，抑或被善意地误解，如果你没有精力、手段去逐一应对，澄清解释，最好的办法就是交给时间，但要从内心深处明白，不要把不实之词放在心上，何其难也！唯有静观云卷云舒，起居心平如镜。

生活是极简单的哲学。如果从自然之道说起，无非是仰卧起坐、吃喝拉撒、痴笑发呆而已。如果活得更高级一些，服务社会的同时实现自己的人生价值，则是大赢家。人生苦短，一定要做有利于社会的事，不能浪费、虚度光阴，要快乐工作，享受生活。

生活快乐的方式多种多样：树荫下的一杯清茶；"正合吾意"的一本小书；叽叽喳喳的鸟鸣；儿女的一点点进步；

路边的毛豆啤酒；坐在舒适的椅子上冥思一会儿；开船迎着海风出海；月亮挂在一尘不染的天边；遇到一只漂亮的天鹅，都会觉得天地瞬间明亮起来。快乐首先是要内心装着快乐。

现代人忙于生计，无暇打理人生琐事，也会丢失人之本真，这或许是人生的一种遗憾吧。如身体允许，又无李渔发出的生计之叹，不沉心静气安心于自己感兴趣的事情，实在是虚度光阴。

窗外杨树林中，各种鸟类互相追逐，叽喳叫声诱人。抬眼望去，白云亦与树枝一起摇曳摆动。透过枝杈的缝隙，还能看到小清河波光粼粼，万寿山巍峨壮观。自然界赐予人力量、思想和行为，使人与自然神思相通。

离开工作岗位以后，要尽快找到一种规律化的生活方式，这种生活方式是轻松的、没有负担的。当然，不排除偶尔外出旅游或改变一下生活节奏。希望在人生的后半段，可以从忙碌的工作中抽离出来，从"大家庭"进入"小家庭"，缩短无所适从的时间，让心情舒畅自然、让精神轻松愉悦。

人生的每一天都是崭新的，要充满希望和好奇。年幼也好，年长也好，虽经历世事不同，但明天都是一样的，无一例外。对明天来说，人没有高低之分，不要落伍。

卷五
起居

　　睡眠对人生是多么重要，无论身处何位、身在何地、身做何事，都必须有良好的睡眠为基础，可现实中又有多少人缺乏健康的睡眠啊。叔本华为此开出的药方是，"睡眠时要控制住自己的想象，因为夜晚是黑色的，它会扩大、演绎各种消极的情绪和事物。这会重新刺激起我们已经沉睡了的愤怒、怨恨及其他憎恶情绪，败坏我们的心情，膨胀成可怕的巨物，让我们束手无策，难以安眠。"

　　当对一项工作失去兴趣，缺乏努力奋斗的激情时，不妨转换一下工作环境，给自己放放假，在山川江湖中寻求放松。但不管怎样都不能消极退缩，即便退休后过上自由自在的生活时也是这样，完全沉寂下来只会使人意志消退。

一个人的体态、步态确实与一个人的精神状态、性格特点密不可分。有人说，管理不好自己的身体，事业上也不可能有大作为，此话有一定道理。经常在路上看到体态轻盈、走路很有律动的人，生活中应该也富有趣味吧。有些人即使没有受过良好教育，但经过形体训练，走路不再勾肩搭背、佝偻不自信，竟也能生出一派"摇摇地"感觉。

握手在国内外都是社交礼仪，有时候站在远处，一笑一抬手，就算握过了，也自然到位。人生不知经历过多少次握手，才知有一定之规。比如女方先伸手，以示尊重或非强人所难；年长者先伸手，以示尊卑之别。有时候，握手也会生出很多是非来。你伸出了手，对方没伸，你总不能要求对方把手伸出来；对方伸出了手，你没有看见或故意不去握，对方心里也肯定不舒服，还有一些人，他把你的手握住，用力扣你的手心，使你难受无比，至今难明其意。

有人认为，人的一生没有碰过烟和酒，似乎少了一点烟火气。更有极端者说："一个大男人不喝酒不抽烟，不等于白活了。"实是一种玩笑话，但也说明这两样东西在生活中的意趣了。吸烟、喝酒容易上瘾，喝酒的极端行为就是酗酒，抽烟的极品就是每天要抽几包烟，不抽难受。现在酗酒的人并不多见，大家聚在一起小酌，纯粹为助兴，多喝几杯，也是酒逢知己的肆意。当然，遇到某些人以酒遮百丑，装疯卖傻，有两种办法对付：一是不理会，哈哈一乐，不去捧他的臭脚就好；二是打他几下，顿时就清醒了一半。至于酒后失德是借酒行私罢了。相对于戒酒，戒烟着实难了许多，梁实秋夸耀自己说："想戒瞬间即戒，比马克·吐温戒了几十次都戒不了强过许多。"我觉得梁先生要么是意志超出常人，要么就是并没有真正吸烟上瘾。偶尔抽一两支烟，是生活的佐料，千万别当成是生活的必需品了。年轻人有时候赶时髦学抽烟，用寂寞、孤独、灵感、潇洒做说辞，整天吞云吐雾，实在得不偿失。可喜的是，与几十年前相比，吸烟和喝酒的人在逐渐减少，真是社会的一大进步。

进入21世纪，酒令已很少见。在20世纪，尤其在北方，酒令是酒桌上增添趣味的重要方式，因其嘈杂吵闹，后在公共场所慢慢绝迹了。但也有变通的办法，比如掷色子、猜大小点。现在人们生活节奏很快，一群不常见面的朋友聚到一起，有聊不完的话题，再不用猜拳行令调节气氛了。

一次在国外培训，外方的接待人员反映，总在教室附近的花盆里发现倒掉的残茶。一开始我们对此很抵触，转念一想往花盆里倒茶叶这件事估计十有八九是真的，否则接待人员也不会向我们反映。推测有两种可能：一是我们"躺枪"了。有其他参加培训的人员向花盆里倒了残茶，正好被我们这批新来的人员赶上了，替人背了黑锅；二是确实是我们所为。我们这一拨人来之前并没有发生过往花盆里倒茶叶的事情，我们有些人茶杯不离手，残茶又倒在哪里了呢？并且，在国内往花盆里倒残茶还认为是"护花"呢！只是在国外规矩变了。不知者不为过，按人家的规矩改过来就是了。自从接待人员提出来之后，就再没有发生把残茶倒在花盆里的事情了。

吐痰和狗屎都同样让人恶心。吐痰是个人行为，不至于犯法，狗拉屎也是狗的"个狗"行为，即便加上狗主人，也属于个人行为。但从一定范围来说，又都属于公共卫生行为，因为这两种行为都与人有关。痰不能随地乱吐，狗屎如狗自己控制不住，狗主人就不能视而不见，要及时清理，这些都是需要时刻注意的行为，不能看到周围没有人，就随意吐痰，看到晚上无人，就边遛狗边让狗随地大小便。

不同的物种相处久了，习性会越来越相近，比如狗和狗主人，主人大大咧咧，狗必然也随遇而安；主人习惯于大声喧哗，狗也会逢人狂吠；主人不爱说话，狗也悄无声息；主人行动迟缓，狗也慢慢悠悠。这些行为，看似是狗的个性，主要还是主人的性情。有时候两狗相争，争强好胜的狗主人都希望自己的狗压别人的狗一头。想想这些行为，也就验证了开头所言。

在公共场所大声喧哗，虽不至于入刑，但确容易对他人造成不适，有违公共道德。这种行为似乎与经济发展水平无关，而是以下两个因素在影响：一是人多势众，你喊我也喊，人越多越无拘无束，越目空一切，声势不自觉就大了起来；二是天性喜欢大声聊天，不分场所、不分情境，嘴巴闲不住，音量小不了。逮谁跟谁聊，家长里短，天南地北，总有聊不完的话题。即使在殡仪馆也能"他乡遇故知"地一顿大声神侃。对此类人，聊天估计也是一种"心理需要"吧。

进入21世纪，人们的行为方式改变了许多，孩子们同上一辈人小时候有很大的不同。过去的孩子们外出和回家都特别愿意让父母接送，没有接送好像缺了点什么，现在的孩子们普遍不愿意让父母接送，觉得被接送，让他们很没有面子。即使是其他的事情，能自己完成，绝对不让父母插手，这可能是时代造就的独立个性抑或是社会的一种进步吧！当然，也有孩子对父母特别依赖，什么都要父母去帮助安排，有父母在场心里踏实，不能说这些孩子心理有问题，行事风格不同，随孩子所愿就好。

虽然茶不是生活必需品，但喝茶是传统的待客之道。中国以茶闻名，茶的品种很多，如绿茶、花茶、白茶、黑茶等。不同的季节，饮用的茶品种也不同，如夏季喝绿茶、花茶，冬季喝白茶、红茶等。有些茶还有药用功能，如熟普洱发酵充分，比较养胃，适合胃寒人士饮用。除此之外，茶又根据不同的地域衍生出特色品牌，如信阳毛尖、安吉白茶、武夷大红袍、大佛龙井、太平猴魁、云南普洱等。这些特色品牌不仅可以从嫩叶老叶、明前明后、嫩尖老尖等特点分三六九等，甚至连茶汤也有不同的标准，比如信阳毛尖，茶汤中会漂浮毛茸物，原以为这种毛茸物是不洁之物，知情人说这正是信阳毛尖的特点，要不怎么能叫"毛"尖呢？如确实如此，毛尖类的茶叶更适合用不透明的器皿饮用，以免影响观感和饮欲。在国内，南方人比较懂茶艺茶道，喜欢喝功夫茶，估计是因为喝茶的茶具比较小巧，需要慢饮而得名吧。北方人喝功夫茶的不多，大多是日常解渴饮用，大口喝茶与大碗吃肉差不多，有些人更甚，一个大茶缸子，早上泡一杯茶，能喝一天，估计也只是要个茶味，根本谈不上喝茶，可能连妙玉说的"驴饮"都算不上了。在性别上，似乎男性更爱喝茶，女性不是特别喜爱，但也不尽然，有些女性就爱喝茶，还称越浓越有味道。

原来快乐的秘密全在这里，如果有人感到你冷淡、不高兴、抑郁，不妨把嘴角上抬5°，绝对有效。

有的人表面懒懒散散，似乎总在闭目养神，可在闭目养神中获得了进步；有的人总在忙碌，纠缠于琐碎的小事之中，看似忙忙碌碌，实则效率极低，这就是一种高低之分。

林语堂先生认为，"安睡卧床的最佳姿势是靠在30°的软大枕头上"，真是天大的实话。如果窗外阳光明媚，绿树成荫，侧脸眺望，更是心旷神怡。也特别有感的是，早晨是大脑最为灵光的时候，文思泉涌，金句迭出，能够写出连自己都惊讶的文字来。建议在床头备上简单的纸笔，也许一转身灵光就此消失。

疾病从何而来，一曰饮食，二曰情绪。又有一说，一是"怒时哀时勿食"，二是"倦时闷时勿食"。滥食是最为不经意的事情，人体的五脏六腑哪一个不"弱不禁风"？不加呵护，还使其"劳累过度"，必提前衰竭。除了规律的饮食习惯，情绪同样也要稳定和缓，人生不如意十有八九，要善于自我疏导、排解，不能让负面情绪长期占据你的身体。一名相声演员说得好："开开心心是一天，愁眉苦脸是一天。"为什么不多想想开心的事呢？罗素同样认为，"悲哀是免不了的，应当在意料之内的，但我们当竭尽所能加以限制"。

人体和发动机本质上是相同的。人体在运动时，要像机器一样匀速运转，这样损伤最轻。适度运动有利于机体的磨合，过度运动则会加速器官的老化。静止虽能减少物理损耗，也会使机体"折旧式"衰老，所以物件也并不是闲置不用就好。虽然人体具有一定的自我修复功能，但它也是由肌肉和骨骼构成，从磨损性上看，肌肉和骨骼绝对不会比钢筋水泥更坚硬。

人每天都要进食，等同于汽车油箱里要加油。汽车只要运转，就要消耗汽油、机油，否则它不可能运转起来。人体也是同样，只要运动，不论是无氧运动，还是有氧运动，都会消耗热量。所以，减肥未必要大幅度地"折腾自己"，量少多动，只要长久，同样会"燃烧"自己的脂肪，达到减肥的目的。

常言"人靠衣服马靠鞍"。有几套得体的衣服还是非常有必要的，并非为了显示身份，而是基本的社交礼仪。记得有次出国培训，有一个正式场合明确要求穿西装出席，其中一个队友"理直气壮"地认为，没有必要按外国人的礼节行事。结果大家都穿了正装，只有他一个人穿着随意，与现场的气氛非常不协调，他尴尬，大家都尴尬。不同场合有不同的礼仪要求，大家共同遵守，一点也不为过，就像泳衣只能在沙滩上穿一样，入乡随俗是必要的。一个人的着装与他的见识、修养、习惯也有很大的关系，改变它同改变一个人的性格一样难。有位主持人喜欢穿浅色的西装，衬衣和领带也都比较另类，装束特别。开始以为此君偶尔为之，后来发现他就是这种穿衣风格。也曾私底下议论："这衣服搭配多怯呀，真不知是从哪里掏饬出来的。"但毕竟也无伤大雅，此也是着衣者有心为之，自己感觉美，别人无权改变。如果穿衣不好搭配，记住两个原则就不会太差：一是繁素搭配。外套花哨，衫衣要素雅，衫衣繁复，外套要简洁；二是松紧搭配。上松下紧或上紧下松都是不错的选择，切记上紧下紧，裹到一起，像裹粽子一样，或者上松下松，像墙上稀松的泥巴，随时要脱落一般。

在中国，上海人的时尚感是公认的强。有一部故事片，演员全部讲上海话，感觉人物、故事、语言都特别适配。比如其中关于鞋的高论，连咖啡不离手的修鞋匠也能搞出一套理论来，像"一个女人一生至少要有一双JIMMY CHOO"，此前不认识这个品牌，在网上一查，居然要上万元。所以，鞋这种东西，往俗里说，只是走路的工具，往雅里说，代表了一个人的身份和品位。鞋的种类很多，西装系带鞋、运动鞋、布鞋、高跟鞋、棉鞋、拖鞋，至于细分，学问更多。什么场合穿什么鞋，也是约定俗成，也可以说是一门学问。有个朋友说："没有鞋，穷半截。"不是说要穿多么贵的鞋，是说在穿鞋上不能敷衍。在不同场合，也要注意鞋的搭配。如果是比较正式的场合，穿运动鞋就不太礼貌，也不好搭配衣服。相反，你在运动场上穿一双锃亮的皮鞋，既难以施展运动"才华"，也不合时宜。当然，穿鞋自己舒服是第一位的，不是有句俗话"鞋舒服不舒服，只有脚知道"吗？

讲卫生，不仅能反映出一个人是否具备好习惯，也能够反映出社会文明程度。好的卫生习惯形成了，会如影随形，无法降低标准。有时候养成好的卫生习惯需要一些强制性的规则，如随地吐痰要罚钱，不仅大快人心，而且立竿见影。因为吐痰是个体行为，不是群体行为，多数人管理少数人自然能够形成震慑力，也有助于全民文明意识的提升。

家具或器物的摆放与个人的审美有极大关系，缺乏审美，则眼不见美，物不见雅，更不可能创造美；具有审美意识的人，能不经意间突发奇想，把家具随意随情变换位置，能摆放出另一种韵味。正如有的家干净整洁，有的家凌乱不堪，这不在于物品的多少和品质的优劣，实与主人的欣赏水平有关。要提高自己的审美趣味，就要多体验、多观察、多实践，自能于多变中寻找变化的乐趣。

旅游是国人喜欢的放松方式。这不关乎"行万里"的教诲，而是人追求快乐幸福的本能。外出旅游的时间一般比较有限，要提前做好行程规划。比如：买一本相关的书籍，提前了解当地的风土人情、历史文化和美食美景；或者购买一本地图册，因为它不仅给你带来道路指引，还会增添许多突发奇想的乐趣。如果你有记日记的习惯，那真是天选的旅行者了。旅游结束后，要趁热打铁把各种资料、照片进行归拢，要把各种票据、住宿收据、购物凭证这些不起眼的东西尽可能保留，当然收集的纪念品也要摆放起来，多年以后，再翻看这些"老"物件，会感受到物质中存在的记忆，使你再次身临其境。

卷六
静思

　　站在遥远的银河系看地球，就像观察一粒灯光下飘浮的灰尘。树木一岁一枯荣；鸟儿忙碌着生儿育女；一支送殡的唢呐呜呜咽咽。在浩瀚的银河系里，不管你如何费尽心机，都抵不住狂风暴雨的侵袭。如此说来，地球上文明不知道被毁灭了多少次，又重生了多少次。人啊，真的无所畏惧吗？

　　人生不外乎顺境和逆境。处顺境时，要紧紧抓住机遇，乘势而上，不能陶醉自足，安于现状，像温水煮青蛙，坐失更大的进步机会；处逆境时，也不可消极颓废，怨天尤人，应从不利中寻找有利的机会，涵养自己的精气神，努力创造进取的条件。

坚守自己的内心，才能有光明的未来。一个人不管抱负多么远大，又有多少贵人相助，最能助其成功还是自己的品格、尊严和人性。有了这些优秀的构成部件，你的未来就不只是眼前的景观了。

人极易被情感和利益所左右，在各种诱惑或诽谤面前，要心如止水，要"风雨不动安如山"，要达到曾文正公所言的"不随众人之喜惧为喜惧耳"。不能达到此种境界，恐难以成就一番大事业。

做任何事情都要天时地利人和，此三个条件起码要具备两个，并寻求另一个条件向有利的方向转化，才能取得成功。

思维是行动的先导，所做的每一件事首先要得到自己内心的认同，不管此事是坏抑或是好。一个人做恶事必有其做恶事的缘由；一个人不去踩死一只蚂蚁也必有不去踩死蚂蚁的说辞。从这一点说，修炼正直至善的心灵是多么重要啊!

你如果总喜欢揽功推过,只会让讨厌你的人更加讨厌你;也会让不讨厌你的人,因不满你的贪功,不愿与你为伍。做出一点成绩就自吹自擂,而这成绩本质上是为如个人升迁之类的自我利益服务,此举不能增加别人半分的荣耀,怎么可能得到其他人的真正认同和佩服呢?少说多做,总是聪明者的选择。

人有时候希望过一种超然物外的生活,从事不受外界干扰的工作,以借此获得心理平衡和精神解脱。但往往越想逃离世间的生活,就越难抽离,甚至发出杞人忧天之叹,导致精神上更加敏感和脆弱,这或许就是"树欲静而风不止"吧。

常言说:"识时务,知进退。"这道理看似浅显易懂,做到又多么不易。有多少人明知不可为而为之,最终头破血流,搞得身心俱疲,再加上周围人"貌似好意"的关心和愤愤不平,又增添了多少烦恼!外人怎么可能比当事人更了解实际情况呢?于事无补的"安慰"都是"天凉好个秋"的闲言碎语。

生物圈里一切物种都在相互依存，每种生物都有自己的归宿和位置，从本质上说，我们只是进化的序列不同，并无高低贵贱之分。任何事物既有其它生物不可替代的长处，也有自身难以克服的短板。人类虽拥有智慧的大脑，但没有飞翔的翅膀；大鸟虽能纵横于蓝天之上，但没有深潜海底的能量。人虽生活在生物链的顶端，但在大自然面前也要"俯首称臣"。仅此而已。

虽死亡是每个人最终的归宿，但不必像黛玉葬花那样多发伤感。人像植物一样，要经过花开花落的轮回，并终究归于土地。当一切归于寂静，功名利禄又算是什么呢？

追求死后留名，不是活着的目的，按自己的方式活过，才是生命的本真。奥勒留为此给出了指引："思想公正、行为无私、绝无谎言。"我认为可以再加上一条：智慧正义。

"有能容纳各种不同意见的雅量，是一个极好的文化现象""驳斥相反意见的能力，和坦然面对传统、习俗、神圣的敌意的能力，才是我们文化中真正伟大、新颖与惊人的成就，是所有解放和知识步伐中的一大步"，尼采的论述深邃而透彻！

有谁能超越旦夕祸福的魔咒呢？一个人离开了人世，生者感伤是再正常不过的事。你虽不理解庄子的鼓盆而歌，但也要尽快走出阴霾。因为你的思念，逝者并不能感知，实际上除了使自己忧思过度伤身外，似乎也无甚益处。

努力去成就一番事业，会成为一生的快乐记忆。这种快乐来源于内心的满足和愉悦，即便时过境迁，你奋斗的足迹，就是你快乐的源泉。

奥勒留说过："把每一天当作生命的最后一天来度过。"我们没有与自己的生命打赌的本钱。尤其是老年人，要珍惜每一个醒来的早晨，每天都活出"朝气蓬勃"的样子。

工作可以使你有压力，但本质上一定要令你愉快，即便"痛"，也要快乐地"痛"，否则将失去工作的价值，违反工作的本意。如果不能高高兴兴地工作，那肯定是什么地方出了问题。

攀比使人自我陷落，关键要活出自己的样子。人生百态，殊途同归。得到的，要感恩一切；得不到的，则接受事实。一生奋斗经历过，足矣！没有必要为实现不了的目标自叹自怨。

常言："兵无常势，水无常形。"人生既有风和日丽，也有狂风大作，路已走，是非曲直任人评说。我们形容水有上善若水、静水深流之说，也有水满则溢、洪水滔天之别，对无争的水都能有如此多的评价，对优缺点集于一身的人不是更加难以"一言以蔽之"了。

生活不全是花前月下，更多的是柴米油盐。如果把外在的鲜亮映射到琐碎的家庭生活，则美妻不美，娇儿不娇。同样，男人脱掉"伪装"，小心眼、自以为是、懒散懒惰哪一样会少呢？

只要你比别人优秀，包括家庭、待遇、事业、朋友等，就可能会被他人贬损、中伤，因为这是对方寻求自我安慰和心理平衡的惯常做法。

一个优秀的管理者必须爱护自己的员工，这里的爱护不是袒护，不是亲疏远近，而是尊重事实。有的管理者随意放大员工过错，完全不看动机和结果，偏听偏信无中生有的事，把下属当成随意拿捏的道具，真是十分不称职。

狗总会去咬害怕它的人。生活中，很多事情会因为你过于关注它，导致其变本加厉地影响、围攻你；如果你满不在乎,"油盐不进",反而更能无坚不摧。古罗马戏剧诗人普劳图斯说:"好事之徒没有不心怀叵测的。"背后"嚼舌头"的"好事之徒"有几个不是想从"窥探别人的祸福中得到一种看戏的乐趣"。罗素给出的药方是,"真正地漠视舆论是一种力量,同时又是幸福之源"。当你不被恶意的议论左右时,那些议论就会落荒而逃,甚至再也摆不出幸灾乐祸的架势。这一切的结果,全在于当事人的看法和态度。

一个朋友被深深的酸楚和感伤包围,只因家中父母已不能如常人生活,交流起来也变得困难。"有父母就有家",不管贫穷富足,不管城市乡村,不管成功失败,有父母在,就有念想和归宿。父母是明亮的灯,灯不亮了,就不知哪里是故乡,哪里是他乡。尽力善待父母,何必计较得失。

"人生最大的荣耀不在于从不跌倒,而在于每一次跌倒后都能再爬起来"。不管遇到多大的困难,都要以自己的方式尽快解脱。人生的成长不在于你跌倒的次数,而在于你爬起的速度。自我安慰也罢,情感转移也罢,一定要从跌倒处迅速站立起来,寻求突破之路。在寻求突破时最要紧的还是要放下心灵的枷锁。

人有时候需要停下来，梳理自己的思路。停下来，不是停止前进的脚步，只是变换一种前进的方式。找到适合自己的角色，并把它发挥到极致，这就是我们所需的人生态度。

发号施令必须考虑周全，不论大事或小事，凡发出的指令都要准确无误，一令既出，务必落实。在生活中常见各种随意性，下发的通知在没有任何解释的情况下一改再改，甚至朝令夕改，作出的安排也一拖再拖，不了了之。还有一种行为是做事没有章法，格局过小，随意而为，全以个人喜好为出发点，也极易引起对其公正性的怀疑。

你每时每刻的经历，构成你生活的全部历史，也注定了生活的高度和精神的品位：是果敢前行还是犹豫不决；是锐意进取还是自我满足；是敢于担当还是畏首畏尾，不同的选择决定了你人生格局的大小。

你不能在物质世界里随心所欲，但可以作精神世界的王者。在自己精神的天地里，让思考随意驰骋，上天入地；在精神的天地里，一个伟大脱俗的灵魂，可以把精神小丑赶下舞台。

我们仍有许多未知的领域。从唯物论的观点出发，意识生长在物质的空间里，我们每个人的意识差异巨大，它们的不同是因为什么呢？是物质奇妙的构造产生了不同的意识内容吗？还是意识根本就不是物质世界简单组合的产物呢？

林语堂先生说："我们既然知道，依大自然的规律，没有一个人能够永远占着便宜，也没有一个人始终做傻瓜，所以，其自然的结论是：'竞争是无益的'。"这种想法可能过于消极，但从存在论上理解，似暗含着人生的终极思考。社会多么轻易地就把一个人送进了历史记忆，人活一世，除了走过的江河湖泊，最后留下的只有情感。

人类的躯体是如何组合出了如恶、善、喜、怒、爱、恨等等的情绪呢？我们眼睛所见和身体所感知的事物毕竟十分有限，这十分有限的认知能涵盖人或宇宙的全部吗？答案绝对是否定的。

老人们的有些信念执着甚至偏激，但他们以为自己在做一件绝对正确的善事，你能读懂这种执念吗？也许老人们坚信唯有如此，才能让后代得到更多的福报吧！小孩子们不懂甚至厌烦这种虔诚，长大后是不是能理解他们的虔诚呢？

入世和出世两种心理，是人生不同阶段的感悟。人在青壮年时，会努力"天行健，君子当自强不息"；在事业发展中，会努力拼搏，成就自我；而奋斗到波澜不惊的耳顺之年，进入了所谓"亢龙有悔"的阶段，又希望回到"何处惹尘埃"的清净之中，正是"情随事迁"的写照吧！

李贽谈到"最初一念之本心"，这种"本心"在出生时甚至出生前就已经决定了还是后天培养的呢？人的善恶本性既"难移"，难道是因为基因遗传吗？可这种基因又是通过什么决定的呢？人在生活中会改变这种基因的组合吗？不得而知。

噫！以羊易牛，怜悯了牛，可怜了羊。牛羊鸡狗不都是一样的生灵吗？同情了这个，而伤害了那个，不是一样的"罪过"？大自然相生相克，没有谁比谁更高贵。

咿呀学飞的小喜鹊摇晃着翅膀飞到了附近的树枝上，它们还不具备展翅高飞的能力，要不时飞回巢内补充能量。看着小喜鹊越飞越远，喜鹊妈妈不知是喜还是忧。盼着小喜鹊的翅膀慢慢变硬，可翅膀硬了，飞走就不再回来。谁也阻止不了这个自然法则。

男性和女性有不同的生理结构，也有不同的思维方式和行为习惯。身为男性，容易忽视这种差别而肆意而为；身为女性，也容易忽视这种差别而对男人的行为产生不理解和心存怨言。无论男女，在现实生活中，都要顾及这种差别。

常言说："兼听则明"。这种兼听一定是指善意的建设性意见，而不是挑拨离间、搬弄是非、背后传谣、恶意中伤的议论。此"兼听"特别考验兼听者明辨是非的能力。

行动中要避免先有论点，再去找论据，不应该为了达到某种目的，故意捏造事实，连胡适"大胆设想，小心求证"的方式都不要了。先定性，再去找依据，这种"手法"越少越好。

你在苦苦求索，因为你肩负使命，内心有生而为人的高贵，这是一场艰难的战斗，唯有胜利，才能证明道法自然。

大堤上有蚁穴，一般有两种处理办法：一是迅速喷洒药物，紧急采取措施，尽快堵住洞穴；二是把洞穴越捅越大，甚至虚报蚁穴的严重危害，借以邀功请赏。

不管行为动机多么单纯，拿不到桌面的"说辞"毕竟经不起日光的照晒。人生要行万里路，每一步都不是儿戏，任何时候都不能感情用事和头脑发热，否则一步走错，追悔莫及。

老农在树上为鸟儿搭建了巢穴。对人类的这种善意，鸟儿能够感受到吗？看它们"入住新屋"，也许是有了心灵感应，老农快乐，它们也一样快乐。

人要替天行道，而不是反其道而行。有时候我们会对某种行为说是"丧尽天良"，人为什么要违反天理呢？

有的人容易亲近和信任，是因为善良、纯洁，而有的人也会故意伪装善良、纯洁，但本身又不具备这些品德，难以深交。

有些人对养狗的人非常不屑，说他们如何匪夷所思。其实养狗的人也值得佩服，因为他们要付出额外的耐心和辛苦。现在人们都住在公寓楼里，本来住房就紧张，再养只狗在家里，小型犬还好，如果是大型犬，照顾起来也绝非易事，除一日三餐，还要清理排泄物、遛弯洗澡，所以不是勤快的人还真养不了狗。

　　世间不懂老子者多矣。喜欢示强，全不知何为强。老子如："善用人者，为之下""不以兵强天下""柔弱胜刚强"的思想，今人得多少皮毛呀。有些管理者管理方式简单粗暴，凡事不先了解因果，直接训斥甚至辱骂，自以为如此才显个性，还搞出一套似是而非的"慈不带兵"来。殊不知，且不说这是否真的是军事管理的最高级形式，只把军事管理用在行政管理上，就有点偷梁换柱的嫌疑了。

　　经济学不排斥研究人的行为动机，否则也不会有流动偏好之说。不能因为经济学家不能掌握股市买卖背后的玄机而否定经济学的基础价值。林语堂先生认为："今日的经济学还是在失败中，还不敢昂头来置身在科学之列。"这点上，我和林先生的看法是相左的。

卷七
哲理

"月满则亏,水满则溢"提醒人们要时刻保持戒惧,不能自满自大,忘乎所以。在未满未溢之前,要努力进取,追求圆满的功绩;在圆满时,要放低身段,功不独居,主动止盈止溢,修身养性,补齐短板,才能"踏平坎坷成大道"!

地球存在时间是否久远并无意义,有意义的是生活在地球上的万物,还有一系列深邃的见解和卓越的思想。地球用自己的不变承接着万物的发展。同时,也在这种周而复始的循环中获得永恒。你我的存在,就是这种无穷循环的产物，因此你不是你，我也不是我。

历史总是以超乎寻常的速度来肯定和否定自己。是谁为人类送上了抚平伤痛的药水，又是谁让屈辱变成了不可磨灭的伤疤。曾经的海洋变成了高山，曾经的绿洲变成了沙田。在历史的时空里，是否存在永远不变的爱恨情仇，似也难以在过去、现在和未来中找到答案。

人类的认知一定要符合社会发展规律，此处的认知既包括物质，也包括精神。不能固守过去的思维，用一成不变的眼光看待世界，必须与最先进的思想同向而行。人类是善于思考的高级动物，我们要避免走进自己划定的巢穴。

辩证法是好的思维方式，大到日月星辰，小到砂砾野草，世间万物都在各自的运行轨迹中实践着这一伟大的理念。从人的状态而言，一个人过度放松不好，过度紧张也不好；一篇文章可以修改，但没完没了的修改就不提倡；从事一件工作，不考虑细枝末节不行，但过于拘泥琐碎的细节，又往往"失之桑榆"。

"天热时要准备好过冬的衣被"，此一老生常谈之说，也是四季变换之理。人的一生会经历许多事，归结起来就是开心的事和伤心的事。开心时多想想不如意十有八九，要有应对挫折的思想准备，不大喜过望；伤心时，要多想想多么不如意的事都会过去，时间的洪流会冲淡一切，不要深陷在伤心中不能自拔，"冬天来了，春天还会远吗？"

语言在行动面前永远是苍白的。不管一个人用多么刺耳的愤怒表达不满或不屑，如果没有实际行动，对方的放肆就不会受到实质性的遏制。

人的欲望和幸福感成反比。欲望是永远无法得到满足的，并且会随着不断索取而变得越来越大。这种欲望有时是物质的，有时是精神的。一个人的欲望可以大到停云止水的地步，还有什么能让其完全满足呢？即便已经获得了超出自己能力范围所达到的最高追求，就真正能满足欲望吗？人的欲望越简单，越快乐；越复杂，越痛苦。

幸福快乐地生活是每个人的圆满追求。怎么才能快乐幸福呢？亚里士多德说："幸福属于那些容易感到满足的人。"这是至理名言，可"容易感到满足"这种心理状态就不容易拥有！

当一件事没有发生时，不要做过多的推测和想象，不论是好事还是坏事，因为好的事情有可能是黄粱一梦，空欢喜一场；坏的事情也有可能是空穴来风，恶意制造的恐慌。既然没有发生，过多的推测和想象对现实能有多少益处呢？

无论受到多高的赞誉和付出多大的辛劳，都抵不住一两句诋毁、诽谤、造谣、中伤的杀伤力，否则怎会有"人言可畏"呢？"畏"的是不实之词，而不是事实。坏心恶意者，躲在暗处射冷箭，让人防不胜防。唯有睿智者，才能识破谣言，厘清善恶对错，这是多么难能可贵的大气度。也唯有此，才能为世人留下更多的陈鹏年。[1]

树叶背后挡住的，也许是鲜花，抑或是枯枝。

"冰冻三尺非一日之寒"，一座宏伟的建筑倒塌也并非一处细微的裂缝。管理的松懈是一个长期的过程，它归根结底又是精神的散漫，这实际上也验证了尼采的论断，"各种精神力量的贯穿、斧凿、啃噬和腐蚀，才造成整体毁灭"。

---

[1] 1705年，康熙再次南巡，驻江宁织造署时，江宁知府陈鹏年被康熙帝的满族亲贵陷害已收入狱中，曹寅与陈鹏年并无私交，但念及陈鹏年是廉洁好官，向康熙叩头泣诉陈鹏年无罪。康熙经过明察暗访证实了陈鹏年是被诬告，遂官复原职，后升至清廷河道总督。陈鹏年60岁死于黄河河防工地上。郭沫若有诗赞曰："一时天下望，万古吊中珍。"——作者注

从不同的角度看待同一件事可以得出不同的结论。表扬你时，总能找出表扬的理由；批评你时，也总有批评的道理。你的下属犯了错误，你的上司向你了解情况，你如果说这个事情你知道。他会说："你知道为什么不管呢？"如果你说不了解情况，他又会说："你是他的上司，这事你怎么能不知道呢？"又比如，你职责范围内出现了纰漏，你的上司也有两种处理的办法。如果你向他汇报，他会说："这本来就是你职责范围的事情，没必要事事都汇报。"如果你没有向他汇报而解决此事，他会说："为什么这件事不汇报就自作主张呢？"遇到过这种进退两难的处境吗？

对待错误有两种处理方式，这两种方式的处理结果截然不同：一种是坏事就是坏事，错误就是错误，该怎么处理就怎么处理，侧重点不在如何改正错误，而在处罚本身；另一种是坏事变为好事，主要看补救、整改的措施是否到位。整改好了，坏事变成了好事，侧重点不在错误本身，而在整改措施。性质相同的事情，一种处理是挥泪斩马谡，杀一儆百；另一种处理是戴罪立功，将功补过。两种办法，对当事人可谓是"冰火两重天"。

人的境界不同，实现自我价值的方式也不尽相同。有的以权位为追求，有的以财富为目标，有的以处山村野居为享乐，有的以阅读一本好书为幸事。没有高低贵贱之分，实在是人的不同喜好罢了。

有时候见比不见好，酒逢知己，两厢愉悦；有时候不见比见好，相互记挂，留有想象空间。人和人之间情感很奇妙，你把对方想象得越美好，可能失望的概率就越大。所以，见与不见真的是一门学问。不适合见面的人，最好敬而远之，否则多少年积累起来的尊敬、喜好和期待，可能几句话就灰飞烟灭了。

当对一件事物的评判失去公正和客观，将会使评价效果大打折扣，甚至物极必反。如果话语权变成了行政命令，而不是依据科学，完全由个人喜好乱下结论，无异于"烽火戏诸侯"式的玩笑，没有人愿意陪着玩。

人有人语，兽有兽言，只是人类不了解它们的语言罢了。子非鱼，焉知鱼之乐呢？

世俗文化有独特的稳定社会功能，其生命力根植于世俗社会环境之中。基本内核都是要求人多做好事善事，不做坏事恶事、节制欲念、尊重自然、造福社会。

自盘古开天辟地始，大自然循环往复，岁岁枯荣，昼夜更替。生则春机盎然，死则万物凋零，又有多少神秘可言呢？活着是人生的最低要求，反对斯多亚学派对生命的极端亵渎。人生在世，无论遇到谁，经历何事，经受多少磨难、创伤和绝望，都是你独一无二的人生境遇。有什么比放弃生命更粗鄙、更无趣的事情呢？没有生命，一个人连经历幸福和不幸的资格都没有。

　　法国漫画家菲利普·格吕克说过："过去有比现在更多的未来。"看似艰涩难懂，理解了就会高度认可。可以把过去理解为青年，把现在理解为老年。一个人年轻时不比年迈时对未来有更多的憧憬吗？是的，但也隐含着悲观和消极。因为换句话说，越到老年，就越没有了未来。我以为，每一个充满希望的"过去"，不都是要变成没有未来的"现在"。所以要在"过去"还没有成为"过去"的现在，紧紧抓住当下的"现在"，也就抓住了更多的未来。

　　人的生命同蝼蚁的生命并无二致，在不同的境况里都是一个完整的生命周期，哀乐声起或是悄然离去，本质上都是回到大自然的怀抱。钢铁水泥都要归于泥土，何况血肉之躯，要按照自己理想的样子去生活、去奋斗，别委屈了自己就行。

当下我们星球上没有外星生物，在这一点上我是绝对主义者。如果外星生物已在地球上，人类怎么可能按照自己的意志行事呢？但又有一点，我也是坚信，地球上曾经产生过不同的文明层次，绝不只有人类和恐龙在这个星球上生活过。

地球为人类提供了足够多的伙伴，人类有责任为这些伙伴提供保护。地球是多么的脆弱不堪，任何"天外来客"都能把地球化为灰烬，所以与地球关联的一切都不能无视。

要珍惜自己存在的价值，你贫穷或富有，丑陋或美貌，对一个喜欢你、爱你的人来说，这一切都微不足道！爱自己，也是爱他人。

《周易》贵在两个字"恒与衡"：恒是恒动，万物生生不息；衡是均衡，动中有静，静中有动，能量守恒。研究《周易》的核心是理解转换的要义，吉中有凶，凶中有吉，要扬长避短。

卷八
处世

处理任何事务都应分清内外和缓急。一般原则是先外后内，先急后缓：先外后内，外部的事情再小也是大事，内部的事情再大也是小事；先急后缓，凡事先排出前后顺序，可按时间先后，也可按重要程度，不要眉毛胡子一把抓。这样处理任何事情都能忙而不乱，游刃有余。

曾文正公曰："莅事以明字为第一要义。明有二：'曰高明，曰精明'。"是至理也。高明即登高望远，胸襟开阔，有鸿鹄之志，处处领先一步，包容万物万事；精明即审时度势，善于藏拙，一丝不乱，不浮夸贱物，拥有精益求精的处世风格。有了这两项,就离独当一面的卓越气度不远了。

持之以恒,做到多么不易呀。认准的目标要有不变之心,一如既往;"恒"要在挑战面前,守住底线,耐住寂寞,保持恒定目标不变,这又是更难的事情;看着斗转星移日月如梭,在创新求变中守恒更是难上加难。但唯有持之以恒,才能不迷乱心神,行稳致远。

新到一地任职或工作,不管来自何地,都要不耻下问,虚心请教,才能相融相知,打开工作局面;对待新来的就职者,易同样不以居旧地日久而心有不屑不服,怠慢敷衍,特别是对职位高于自己者,更不能心存不满而懈怠。"言忠信,行笃敬",才不会为同事相处埋下祸患。

与一人交谈时,他又是点头,又是记录,好像能与你同频共振。但当他发言时,你会发现他除了必要的客套,所讲的内容竟与你说的内容毫无关系,多么重要的事项都没有入脑,看似认真记笔记都是场面的应付。而涉及到他个人的事项和工作问题时,又会马上敏感地进入角色,什么都在意起来。心中只有自己,没有他人,这是典型的自我中心论人格,现实中总能遇到这样的人。

大凡"弄巧卖智"者，多投机取巧、卖弄虚夸之辈。在生活中，这种人虽能力有限，但喜好到处张扬，虚张声势。虽有时也能有所斩获，但在众目睽睽之下，靠作秀博人眼球之法，终究会露出破绽。

有些人擅长借故弄玄虚或故作高深以达到沽名钓誉的目的，他们屡屡得手又屡试不爽。这种400多年前被培根极度厌恶的假聪明或经过粉饰的"老壶装新酒"的方式，现在居然还有"市场"。古罗马时期著名的教育家昆体良认为，这些人是"用花言巧语来作践重大问题的蠢材"，明察之士要有不为所惑的慧眼！

生活中谁敢说自己没有被猜忌或猜忌过他人呢？有些猜忌可能是合理的推测，并非空穴来风，遇到此类情况要主动与猜忌者沟通，至少不能让当事者恶意传播；有些猜忌则是日积月累沉淀在心中的不快，对"别人的流言蜚语有意繁衍、硬行塞进脑袋里"，遇到这种情况就需要及时转移思绪。

待人接物应以真心为上，切不可功利和淫巧之心处之。如功利色彩过浓，则让人窥见其私，大概率戒心以对，敬而远之；如淫巧之术过频，也会日久生烦，让人感觉过于炫技,居心不良。现实生活中有些人看似"长袖善舞",可有多少人聪明反被聪明误啊?

人之处世犹如开设店铺。格局小者,排斥竞争,打压竞业者,结果聚不起应有的人气,更是反衬出其嫉贤妒能、自私自利;格局大者,则欢迎同行竞争,商铺越多,人气越旺,形成规模效应,吸引更多的消费者,看似分散了利润,但在规模效应中获得了远大于单一商户的利益。做人也是同理,以宽广的胸怀包容他人,甚至是竞争对手,通过良性竞争,相互扶持,共同发展,是人生成功之大智慧。

爱虚荣,人皆有之,培根就说:"学问的声名若不装点几根炫耀的羽毛,飞起来就十分缓慢。"虚荣无可厚非。但不能过于虚荣,否则"虚荣心一过了头,把每种活动本身的乐趣毁掉了"。虚荣是超越自身实力的一种装潢和粉饰,过分追求虚荣,结果是这个需求满足了,又会有更高的需求出现,陷入无休止的难以自我救赎的囹圄里。实际上,现实生活中充满了不完美,英国诗人勃莱克诗中所说:"在我遇到的每张脸上都有一个标记,弱点和忧患的标记。"我们每个人不可能做到"天下第一",努力从过度虚荣中解脱出来,脚踏实地做自己心中的第一就好。

大众事情要积极，小众事情要谨慎。对于涉及面广的事情，要广泛调研，积极解决；对于个别反复没有得到解决的问题，要了解前因后果，谨慎对待，以免被寻求不当利益或按下葫芦浮起瓢。

皆大欢喜的事情有，但极少。职位越高，越难以保证人人满意，事事满意更是难上加难。既如此，不如不顾及个人的喜好，公正无私地处理人和事，就问心无愧。立事要公，为人要正，站立要直，时常忘却自我，喜为民做事，守住爱心正义，就离君子不远了！

小人诽谤多矣，不在于小人多，而在于听信谗言者众。为官者如果不能明辨是非，不能察觉诽谤中伤，反而信以为真，则容易被小人投其所好。不为流言所惑，坚守自己的价值观，才能成为明察秋毫之官。

过分嫉妒是多么伤害神经的毒药啊。培根认为，"嫉妒总是离不开人的相互攀比，没有攀比就没有嫉妒"。可事业的成功就能让嫉妒不复存在吗？罗素直截了当地说："你不能单靠成功来解决嫉妒，因为历史上神话上老是有些人物比你更成功。"对嫉妒心"爆棚"的人来说，罗素连这条看似能够战胜嫉妒的路也给堵死了。怎么办？只有守住内心，多观望自己得到的，不与不可企及的巨人比较，也不能总把比你优秀和成功的人放到你的罗盘里定位。这样才能减轻因嫉妒而产生的心理压力，否则你的内心永无宁日。

"技无大小，贵在于精"的另一种说法是"一招鲜吃遍天"。要达到"人无我有，人有我精"的程度，就要在自己从事的领域，有别人所不具备的核心竞争力，什么类型的工作都是如此。

生活中总会遇到一些固执己见又头脑简单的人，与他们打交道，你会有一种无可奈何的憋闷和烦躁，搞不明白他们为何像没有自主意识的工具一样，只能完成一成不变的事情，没有一丁点新奇的想法。

只想让别人为自己办事，从不为他人付出的人，即便说得天花乱坠也注定走不太远。谁会喜欢只索取不付出的人呢？答应他人之事，一定要尽力为之。委托他人之事，不可因他人的懈怠和疏忽而记挂于心，此乃天高地厚之理。

事业要成功，两条道理很重要：一是忌处处显得高人一等，目中无人，以为大家愿意欣赏你的所谓"成绩"；

二是忌拈花惹草，见色而动，为色好施，自降身段，必使身败名裂。

有背锅侠必有甩锅侠。甩锅侠是人间"稀有资源"，其特点是，能将责任和问题甩到他人身上，并且甩得"合情合理"，让不明事理的人瞬间入瓮，无法辨真假。由此想，背锅侠之所以背锅，正是甩锅者所赐，并不是理所应当地承担此责。

当你挖空心思从事一种认为"绝对正确"的事情时，先不说"绝对正确"与否，只说把多重目标简化为一种目标本身就有巨大的风险性和不完整性。当一个人只有一个人生目标，多半不会太幸福，因为他失去了更多可以实现的价值。

加缪说："重要的不是治愈，而是带着病痛活下去。"也有句俗语："战胜不了敌人，就设法与敌人和解。"现实中，我们能够战胜的事物少之又少，更多的是寻求共生、和解之法。

在一个团队里，如果你因敢于直言而得罪了上司，上司借故在众人面前训斥你，我们可以不理会罗素所说的："凡使无辜的人难堪的行为，一律应予严禁，连人们实际上所作所为之事，也不许用恶意的口吻去发表而使当事人受到大众的轻视。"只说团队的同事不仅不认为上司的行为失当，反而指责你不识时务，或认为你头脑愚蠢，抑或是你被群起攻之，一片肃杀之气环绕。这样的团队怎么可能有良好的氛围呢？

当面汇报工作是一件寻常之事，不管在正式场合还是非正式场合，汇报者都要提前做好准备，如果没有详细的汇报提纲，至少也要有比较成熟的腹稿。汇报内容要紧扣主题，力求简明扼要和要点突出。莎士比亚说："简洁是智慧的灵魂，冗长是乏味的枝叶、肤浅的花饰。"此是要牢记之点，写文作诗也是同理。除此之外，要对评判者可能提出的问题进行提前演练。

有些人习惯于纠缠在琐碎的事情之中，不是琐碎的事情也要把它搞"稀碎"，这大概就是他们的处世风格吧。不管天地有多大，此类人永远不会干出相匹配的业绩，因为多大的事情也会"捡起芝麻，扔掉西瓜"。

林语堂先生说："一般地讲起来，我们的生活是过于复杂了，我们的学问是太严肃了，我们的哲学是太消沉了。"

不是吗？反之则是一个简单的人生公式。

当没有做事的欲望和乐趣时，不妨让自己安静下来。人本来就是自己的主宰。有时候"闭关"修行，会对人生多一分理解，增强行走的方向感。

现在，我们更多地强调遵循道德规范，而忽视人的本性和原始动机。我们常说的人性，是不是更加单纯和质朴。推而广之，干一些出乎于心的事情，是不是比为了某种刻意的目的而勉强做的事情，更能获得持久的动力和长久的快乐。

有的人宣扬了一辈子的"仁义礼智信"，但从没有身体力行实践过，完全变成了教育别人的"心灵鸡汤"，不能笃行之，怎么能体现出笃信之呢？勾兑出那么多教育别人的说辞，而一遇到有求于己时，不是退避三舍，就是杳无音信，诚也没，信也没。

林语堂先生认为，"讲求效率，讲求准时，及希望事业成功，似乎是美国的三大恶习"。这是当年写作《生活的艺术》时林先生对美国的印象。就此论点而言，我更赞同胡适先生的观点，胡适是反对"差不多先生"的。林语堂先生在论证美国人的三大恶习时，显然是混淆了工作和生活的界限。工作严谨细致、一丝不苟，准时准点，是现代人的基本要求，不能做"差不多先生"，而在生活态度上则可以闲适如林语堂先生"店门口刷牙""踱方步"，两者不是一个层面的问题。

人生有几个关键期，要善于抓住机遇乘势而上，切不可消极怠工，安于享乐，不思进取，错过最佳成长期。人生要有追求才有意义，在某一阶段取得了一些成绩，要为下一次的进步提前积蓄力量，做好准备，否则满足于现状，机会来了而能力达不到，只会怨天尤人，空留不如意、不尽兴。

管理者知人善任，爱惜人才，不能只停留在口头上。人才用得好，则小材也能够大用，用不好，则人才如草芥。不能有"爱死爱活与我何干，又不差你一个"的"豪横"心理，如此的话，估计带出的队伍，不如齐心协力的蝼蚁和蜂群了。

《孟子·滕文公上》云："如必自为而后用之，是率天下而路也。"如果凡事都亲力亲为，越俎代庖，会让手下人整天疲于奔命，搞得疲惫不堪。平庸的领导喜"雷人"之思，弄得下属鸡飞狗跳、提心吊胆、唯诺而行，还谈什么主观能动性呢？上下为一些鸡毛蒜皮、边边角角之事大动干戈，惶惶不可终日，如都是这类的"怪招""狠招"，实在不知效率为何物了。

卷九
意兴

　　人们获得尊重最大的资本从来都不是来自于外貌，尽管有"以貌取人"之说，那什么才是获得尊重的最大资本呢？是思维能力。有了思维能力，人就能与一切无限性的事物并驾齐驱。即便有不完美的身躯，依靠思维能力，也就能够像宝石一样，成为自带光环的强者。

　　人的精力有限，不可能面面俱到。立于世者，不在于职位高低、专业优劣，只要专精于一项，必有成果。庄子云："用志不分，乃凝于神。"如能聚精会神专注于一件事，想不成功也难呀!

不要为自己设置太多需要借助外力才可以实现的目标:一方面,会处处受制于人,把自己的前途寄托在他人的"恩赐"上;另一方面,为了达到目的,要处处谨小慎微,忍气吞声,生怕做错了一件事而功败垂成。这种拘谨的生活能有多少舒心快乐可言呢?还是自己努力进取才好。

真正的快乐能持续多久呢?人类追求的幸福快乐,是与强大的忧愁和无奈争夺阵地。亚里士多德认为,"理性的人寻求的不是快乐,而只是没有痛苦",叔本华也说:"缺少痛苦的程度是衡量一个人生活幸福的标准。"这些说法看似悲观消极,但从另一个角度讲,生活中的快乐确也是转瞬即逝,要不停地创造各种幸福快乐,并把它们串联起来,才能够把忧愁和无奈赶下擂台。

有人感觉在鸟语中入睡更加香甜,也有人感觉鸟儿会惊醒自己的睡梦,此心境不同也。如果想到有些人为了让你的睡梦不被惊扰,正悄悄地轰赶鸟蝉,不让狗猫打架,估计失眠的人会更失眠了。

自然景物客观存在,有的人看到的花是花,有的人看到的花非花。意趣的不同，概因学习修养之造化不同。清代文学家张潮把赏月和读书的心境关联起来，也是文人独到的心思了。

芸芸众生，熙熙攘攘，各有各的生存之道，各有各的人生故事，大可不必攀比。位高者，不要居高临下，优越骄傲；位卑者，也不必怨天尤人，满腹牢骚。无论是在江湖之中还是在庙堂之上都有各自的意趣和烦恼。

你快乐不快乐，悲伤不悲伤，皆是自己的感受，他人体会不到。即便同频共振，其频率也不可能完全一致，所以不为他人的喜怒哀乐活着才能活出真实的自我。

聊天、社交虽不是大学问，但有的人能让他人如沐春风，有的人却让他人如坐针毡，为什么会这样呢？恐与一个人的学识、修养和处世风格有关。朋友相聚，能够彼此欣赏，留有余地，显然比处处显示自己精明能干强很多倍。而有些人不了解这些，图自己口舌之快，结果是话不投机，还"糟蹋了一桌美筵"，双方不疏远也难。

看到窗外青春活泼，相互斗嘴追逐的三只小喜鹊，还有泛着光亮闪动的树叶和波光粼粼的小清河，原来生活每天都如此轻快地流淌着，没有必要总纠结于一件事，那样反而恨铁不成钢。解不开的疙瘩暂不去理会它，待静思沉淀，困难的事情也许并不那么困难，解不开的思虑也许会寻找到新的出口。

远山朦胧秀美，气象悠然，韵味十足，意境无限；近山沟壑嶙峋，残阳西斜，枯枝朽叶，缺乏灵动意趣。试想夜幕降临，远山黛色，值月满西楼，华灯初上，自是美不胜收，一片畅然。

美好的事物和意趣，与友人一同分享才更有趣。看到山河秀丽，明月如洗，一起感怀畅游；读到拍岸好文，一起饮茶赏析；看到夜色阑珊，星光闪烁，一同仰望星空。人生存一份美不独享的善念，自有天地辽阔。

大自然万物各有其位，和谐才显其美。人们常见高山与河流的相互映衬，高山有河流环绕方显伟岸挺立；河流有高山阳刚之衬，方显柔和秀美，阴阳和谐应是常理。

人生不会十全十美。常言，"舍得，先有舍才有得"，又说，"塞翁失马，焉知非福"。这就好比找伴侣，男性心目中理想的伴侣要貌美、要富有、要才情、要户对、要贤惠、要达理、要开朗，种种要求估计没有哪位女性能同时满足。同样，女性心目中理想的伴侣也一定是要帅气、高大、富有、顾家、温柔，如此这般一样难以寻觅。现实与理想总有落差，一切皆是此理。

听到满树的鸟语和遍地的虫鸣，看到公园里摇曳的杨柳枝叶，抑或是看到一个身体不健全的男子每天准时出现在林荫道上，一切人或物在按照蓬勃向上的节奏运行，我们没有理由消极颓废。

花品如人品。迎春花活泼俏丽，玉兰花雍容华贵，海棠花洁身自好，秋菊花简朴野性，樱花娇小温情。花姿万千，各有风情。

不论人类有多少豪言壮语，都无法改变大自然呈现的形态和运行的规律。大二小三，月亮沾边，转眼月圆，随之月亏。人生的起伏、延展也熬不过日月如梭啊！想想人生真是经不起过。

人类只有在物质世界得到满足的时候，才会感受到鸟鸣、草荣是那样的赏心悦目、自由自在和恬淡平静；才会陶醉于月明星稀之中，感受大自然的风起云涌。

自然为人类提供了最好的呵护。我们与万物一同呼吸，共享弥漫在大自然中的有益养分。万物在接纳大自然无私地馈赠时，也无时无刻不在向大自然输送最宝贵的精华。

对月饮酒当歌，文人雅客齐聚，心曲相通，畅心愉快。赏花、赏月、踏雪，人生意趣要有一二才可。醉卧山林含春露，心定天地听蝉音，是一种大境界。

人类的情感是最为神奇且强大的，任何行为的思想基础都可以从情感中找到答案，如喜怒哀乐、爱恨情仇。爱一个人首先发乎于情，它超越了物质，超越了理性。冲冠一怒为红颜，其实都是撞到了情感的底线，说到这里，情感是多么宝贵又多么单纯的存在呀！

喜鹊妈妈不管多么艰难，也要一遍遍寻找食物喂养小喜鹊。它们不像人类有那么多的情感，可它们为什么还要这样不辞劳苦地喂养小喜鹊呢？只能归结为一点：万物有灵。

大自然是最能通情达意的。当一个人认真读书时，连燕雀都退避三舍，不再大声喧哗，这种气息相通，是多么令人欣喜呀。

所谓超凡脱俗，其实并不真实，凡夫俗子才是生命的真状态。不喜欢装模作样和装腔作势，矫揉造作怎么可能产生美呢？

居山水，邀明月，陋室斗屋，微醉微醺，花影树影，随风听雨，打牌行令，轻歌曼舞，此一梦也。

世间道路起伏，勿羡人前显贵，勿笑粒米折腰。上高山则听松涛溪水，落平地则仰望星空，山高水长。

超越诱惑是一种大智慧，可凡夫俗子要越过这道门槛何其难也。清心寡欲，不为世俗所惑；超然物外，虚空皆为所有。我们都在修行的路上，高山仰止。

梁实秋先生说："时间即生命。"确实如此。但一般人只留意自己的生命，而不会去关心自己的时间。时间是最宝贵的，也是最容易浪费的。所谓浪费，就是没有做什么有益的事情，胡乱地把每分每秒耗费掉。当然，如果闭目养神，能有利于自己的身心，那不能算是浪费。

不管身居何位，如果到了30岁，有可爱的孩子和温柔的妻子或能干的丈夫，已经成功了三分之一；如果过了50

岁，有稳定的工作，还有一个不大不小的职位，你又成功了三分之一；如果到了60岁，你身体健康，四肢健全，衣食无忧，又得到了剩下的三分之一。假如上苍格外眷顾，长命百岁，将是多大的福报啊，人生已足够完满。即便没有这些收获，只是简单地活着也何尝不是一种幸运。

从一般意义上说，人和自然万物都是客观存在。我们需要考虑的问题是，与其改造自然，毋宁思考如何与自然和平共处。所谓的"改造"，不只要让人类生活得好，也应让自然万物存在得更好。

梦是否是人类意识的另一种存在形式呢？日有所思，夜有所梦，此处的"梦"如果是曾经经历或思维的变异式表达，那么另外还有一些梦境，似找不到和现实的必然联系，又是在表达什么呢？

天地乃阴阳并行之物。天为乾，地为坤，天刮大风，地蓄雨露，自是天地人和之态。大地涵养滋泽天，天行云布雨抚慰地。地的本性是付出，天的个性是张扬，地与天相依，相互成就，此大自然之形也。

赏月是每月的节日，不分春夏秋冬，各有各的别处。

春月春风，夏月虫鸣，秋月气爽，冬月清凉，禅心一枚。

空、色是事物的两极，空不是无，空到极致，则被物充盈；物满到极致，则一切归空，空空如也。

无论是瓢泼大雨还是蒙蒙细雨，抑或是东边日出西边雨，都会不自禁畅想其间，享受雨丝落红的情趣，多么的婀娜多姿呀，啊！真是一雨一世界。

明月不只是听禅、论诗的背景，其本身也是身心合一的纯洁之物。漫步在月影之下，漫山遍野都为你敞开胸怀，席地而坐，伸手摘月，凝露湿身，悠悠虫鸣，真是人间最美的意境。

赏花者叹息养花者不懂欣赏花草，诗画家叹息观赏者不懂欣赏字画，虽角度不同，情理如出一辙。皆是把个人的情趣作为判断他人情趣的标准，忽视了不同人群的层次差别。

花之美，是因为世人的欣赏。不欣赏也就没有所谓的花好月圆、如花似玉了。不是有句诗云："云想衣裳花想容"吗？自是懂得欣赏花的人成就了花之美。

世界各地的人对诸多事物的看法不尽相同，但在许多方面并没有"文明的冲突"般剧烈。比如对美的认知和欣赏，又比如对正义的弘扬和对邪恶的鞭挞，至少没有一部文学作品是歌颂丑恶的。

美丑不是一种客观存在，而是人的主观判断。"尽管这个世界十分贫穷，但在美丽的时刻，它还是会充溢美丽的东西"，尼采在这句论述里把富有还是贫穷与美丽物品、美好时刻进行了关联，实际上美不美与物质财富并没有关系。美，包括自然界的和谐之美，皆出于人的感知。

读到林语堂先生关于生死的高论，"人类活像一个旅客，乘在船上，沿着永恒的时间之河驶去．在某一地方上船，在另一个地方上岸，好让其他河边等候上船的旅客"。不免怅然。自己上下船容易，可难以割舍的亲情和难以回避的忧伤如何安放，在对待生死时像林先生如此的豁达和超然，实非易事。可你得在乎，身后人能感知多少呢？

地球万物，生生灭灭，只是转化了物质形态而已。有善即有恶，有明即有暗，有生即有灭，由此想，物质的两极正是在这种缠斗中循环往复吧。人在宇宙中既伟大又渺小。人的渺小在于人在生存的空间里并不是无所不能、左右一切的，甚至连自己的欲望都控制不了；人的伟大在于内心有随意驰骋在自由广大的空间，正如罗素所言："凡是心灵反映着世界的人，在某意义上就和世界一般广大。"

吃品亦如人品。大碗喝酒者，多豪爽、不拘小节之人；细品茶者，多心思细密、冷静淡泊之人；善大块食肉者，多热爱生活，乐观开朗之人。

一日百景各不同，高山流水自风流。花开时，芬芳四溢，尽情发散；花落时，淡定从容。看春夏秋冬，花鸟鱼虫。心境好了，万物自带喜感。

面对大自然的日月星辰、树木花草，悠然地沉醉于其中，是多大的造化啊？拥有这种闲适的心情，生活的品质就会与他人大不同。

相配即相宜，花草树木、江河湖泊皆是如此，就连现代社会的人类也不例外。这里的相配不单指相貌，才情、气质、举止都是构成部分。当然，最重要的还是有真善美的共同追求。

林语堂先生在《生活的艺术》中说："彩云遇到强风时，

会有意露出裙边巾角供我们赏玩。"此处的比喻和拟人耳目一新。把云之变幻形容为苍狗、飞龙、宫殿的居多,把云的变幻看成是少女摆弄裙摆,可见林语堂先生的真性情。

艺术想象是真实生活的夸张和延伸,而不是凭空捏造和天马行空。一部科幻电影为什么称赞者多?在于其虚构外表下蕴含的科学内核。而有些作品却用"不真实"代替了"真实",把"撕小鸡"用在了对抗侵略者身上,甚至一个人可以像戴着"金钟罩"一般,双枪撂倒成片的侵略者,而自己毫发无损,这种"写实的手法"用在真实的历史体裁中就显得滑稽可笑,甚至还不如科幻片"真实"。

电影是视觉艺术,也是讲故事的艺术。近年来,国内电影尽管有质的飞跃,但与西方顶级电影比较差距还不小。国内有些电影顾头不顾尾,开始很精彩,往往结尾败笔,不是猜测到的大团圆、英雄不死,就是开放式结局。这种开放式结局留下的不是悬念,而是不完整的故事。还有一些电影虽然通篇不错,但细节处出现的一些低级硬伤,直接降低了影片水准。导演不愿意重复旧有的形式力求创新,喜欢剑走偏锋或追求超乎寻常的表现形式无可厚非,但如果不是从市场需要出发,而是从导演自我意识出发,固执地玩些小技巧,就不可能得到市场的积极回应。

国人看影视作品喜欢有"亮眼"的结尾。有一部电视剧的女主角本来个性十足，不知为什么非要在除夕夜从天而降，为一餐团圆饭辞掉海外工作，如果在现实中估计全家人都会惊愕，女主角也会不自在吧！艺术作品来源于生活，高于生活，要合情合理、合乎人性，不能随意杜撰。

一首歌，若是词曲皆妙，还能选对歌者，那真是锦上添花。比如电视剧《三国演义》的主题曲《滚滚长江东逝水》，其词来源于古诗，自不必说，曲也大气磅礴，通天贯地，再加上歌唱家沉稳深厚的男中音，可谓经典；再如电视剧《水浒传》主题曲《好汉歌》，词曲唱三者浑然一体，堪称绝配。一些通俗音乐里，这种结合也不少，流传必有流传的道理。如果非要说出词重要，还是曲重要，我稍感曲重要一点，因为人们听歌首先听到的是旋律。歌曲是旋律的艺术，像时下流行的说唱，更多听的旋律，有些歌词不准确不达意，但不影响流行。也不能由此说，只要曲子好就行，歌词就不重要，更不能说歌词可有可无。

有一双发现美的眼睛，是多么幸福，进一步讲，有一发现快乐的心，岂不更加幸福。世间多平常事，日出日落，阴晴圆缺，四季轮回。如有兴致看蚂蚁过河、草木发芽，闻喜鹊鸣唱、看月上枝头、听雪花落下，人生的趣味不加上一层，幸福指数长上一分，活出不一样的人生姿态。

饰物的佩带必须与服装款式及季节变化统一起来，才能自然合宜。棉麻类的衣裙宜配粗犷一些的饰物搭配才显和谐；正式场合的配饰应与正装相配，宜金银饰为妥帖。首饰佩戴原则以简为宜，不能太繁复，叠床架屋，经常看到有的女子把玉器、金属器都戴在一只手上，好像展览一样，既不美观，也不便利，甚至有画蛇添足之感。

美的事物是物质和精神的结合体。我们欣赏一件艺术品，绝不仅仅因其曲线流畅、雕刻精美，还有其背后蕴藏的精神力量。美从来都不是抽象的，脱离文化属性的美不可能独立存在。国人对器物的喜爱，更看重的是其背后的意蕴，有时甚至忽略了器物本身。从这一层面也能说明国人对内涵的偏爱和情有独钟。

鲜花绿柳是上天给人类的恩赐呀。一个人匆忙一生，无暇顾及身边的花开花落，更没有闲情驻足观赏。有时看到盛开的鲜花，忍不住上前闻嗅，润心润肺；看到树枝摇摆，不免内心随之飘荡；看到一棵树嫩芽初开，静气凝望，心有飘然飞升之感。能发现趣味，才有趣味！

人生除工作，还有俗世生活的乐趣，比如收藏。我说的收藏不是以收藏为目的的大收藏，我也没有这个实力、兴趣，更缺乏这种鉴赏力。我是"穷书生式"的收藏。比如收藏邮票，每年买一套，不过二三百元，日积月累，也能凑成一套百科全书。闲暇时拿出来，一张小小的邮票就是一个小小的世界，感受其背后所蕴含的历史文化，乐趣无穷，满足感油然而生。

因为研究需要，我收集了两种书籍：一是郭大力、王亚南翻译的《资本论》，最早收集的版本是1938年版，之后又收集了1947年版。政治经济学是我的专业，与专业结合起来收藏，是一件大乐事；二是《红楼梦》，这与自己的研究兴趣有关，不是为收藏而收集，而是为了把各种版本的《红楼梦》放一起比较研究，也是一件大快事。收藏书籍的乐趣在于，看着一本本经历风雨的书籍，很多页面酥脆，水渍明显，有的还有耐人琢磨的字迹、批注，感受背后的故事是多么难得的享受啊！收藏不在多，在于精专优。

卷十
景观

我国园林造景自成一派，体现了园林艺术的千年积淀。南方园林多小巧别致，白墙黛瓦，曲径通幽，布局紧凑；北方园林多沉稳粗犷，山石嶙峋，宽敞豁达，遥相呼应。园林造景应小中见大，追求意味深远的效果，切忌塞得过满，适当留白反而回味无穷。意想不到之处，才见建筑品位。

景致影响心境抑或心境影响景致，没有一成不变之理。好的景致赏心悦目，能使人流连忘返；亦能"坐爱枫林"，看山水含情。心境不好，再好的景致也会黯淡无光，"悠然见南山",心境里有此"悠然",才能发现南山之美。

不可否认能工巧匠能雕琢出精美绝伦的器物,但我以为能称得上大美的,唯有大自然。大自然不为欲念左右,无需顾忌其他,鬼斧神工、天作之合,真大气磅礴也。

亭园之美,贵在多起伏、多回廊。多起伏,方有柳暗花明之妙;多回廊,才有蓦然回首之感。园林的曲径需要通幽,否则曲径就有造作之感。

人造景观,贵在与当地风土人情相匹配,与当地自然景观相协调,就花草与建筑搭配而言,海棠与庭院相配、绿竹与幽径相伴、芭蕉影掩窗棂,都是富有意境的表现形式。

鲜花形态各异,怎么能够评出谁是花魁呢?牡丹华贵、菊花清爽、文竹嶙峋、玉兰娇柔,还有数不尽的奇花异草,共同构成了这花花世界。

"暗香浮动,疏影横斜",写尽梅之曲美。大凡树木的意蕴,当与人之性情喜好对应,竹之纤细高洁、松之庄重挺拔、柳之婀娜多姿、杨之伟岸挺拔,与人物形象多有关照。当然,也没有必要非把树木同人品挂起钩来,能从审美角度理解最为贴切。

一般人都会吟诵苏轼的"宁可食无肉,不可居无竹",很少有人知道后面的"无肉令人瘦,无竹令人俗"。前两句高雅,后两句稍俗,也因此而没有广泛传播吧。至于肉是否不如竹,本无可比性,但苏轼比出了先后顺序,也是人间的大情趣了。虽然竹不可食,但观赏价值高,古今人多有颂扬。如把竹笋和肉联系起来,不知苏轼还会不会写出"宁可食无肉,不可食无笋"呢?想来,竹笋也非寻常之物,城市采不得,即便山里也不可随便采挖,如有幸得到,其鲜美只需一煮一炖就可使人回味无穷。

人在画中游,推而广之,建筑园林也同样,虽不是在画中游,其本身也已成为画的一部分。有些园林建在林木掩隐之处,影影绰绰,虽增添了含蓄,却缺少了人气。而有些建筑建在开阔处,人们照相取景,喂养鱼鸭,也成为风景中的风景。《红楼梦》中,刘姥姥游大观园,希望把园中的美景和金陵美女都画于其中,无意中说明了人和景物相映成趣的关系,连刘姥姥都能认识到景物和人的一体之美,可见刘姥姥见识不凡。

庭院建筑有一定之规,违反则会显得不自然。古人作画曰:"丈山尺树,寸马豆人。"实在是了解景物比例的相互关系,但建造亭舍不限于此,不只要考虑景物的比例关系,还要考虑竹林山石、匾额字画、湖光山色的错落搭配,才能称得上园林艺术。设计庭院一定要适合主人的审美和情趣,不可千篇一律,看似整齐,实则无趣。更忌照抄照搬,除非有特别用处,比如某院落里建造的荟名园,就需要照抄照搬,反而越以假乱真越好,要根据不同用处而定。

树木贵在选形要好。形态不美,即便后天精心修剪,也改变不了已有的缺陷。如银杏树重在树冠,其特性是枝干是一次性长成,如不慎砍掉则不能复生,所以移栽时要加倍小心;白杨要孤独一枝,不能枝干并生,那样长成后会两三枝干争食,相互排挤,难以伟岸挺拔,所以在初苗时就要多加修剪,以免长成后难取舍;杨柳婀娜需风摆,树枝纤摇赖水流。天生万物,唯有自然和谐才美。

姿态俏丽,满树暗香,唯紫薇也。不仅花小满枝,且树干弯曲光滑,触摸之,柔顺自然,花枝乱颤,有"痒痒树"之称,与含羞草当品性相同。常言说:"人非草木,孰能无情。"真是贬低了草木的"情感"。即便其他草木没有含羞草般的大反应,可草木被砍伐时流出的汁液,谁又能说不是草木流下的泪呢?

门前有一棵石榴树，隐约记得刚栽种时只有筷子粗细。石榴树极易存活且生长速度很快，三五年就有了果实。后来建了新房，就把这棵枝繁叶茂的石榴树移栽到了另一个地方，竟也同样生机勃勃，果实累累。闲暇时，喜欢站在石榴树下凝神注视一个个饱满的石榴，平添几分喜悦和满足之感。由于陕西礼泉的石榴有名，单位也引进了十几株，棵棵枝繁果累，竟成为单位里的一道"果可食树可观"的风景了。

　　阳台上的太阳花，花如其名，一心向阳，朝开夕落，一天就经过了此植物最为灿烂的时光。开花只在一天，花开时间短，花的生长周期就像快镜头一样，甚至一眨眼就能看到它的变化。花期如此之短，在见到的植物里也是少有的，因为花期只有一天，开则开了，不开也就自然枯萎。又听说木槿花也有朝开夕落的特点，令人有所感叹。一日也好，百年也罢，花的一天和人的几十年又能有多大的差别呢？在宇宙里，一天一个花样年华，瞬间变成永恒。

　　想到茉莉就想到娇柔弱小敏感之态，还能引申出小资小调来，估计是因其娇嫩所生的怜悯之心吧。茉莉花有奇香，自近不得烟火，只能观赏和嗅闻，其小家碧玉之形也难以长成"参天大树"，就这样柔弱挺好，否则不是明知不可为而为之了？

不知从什么时候起，一句"有情芍药含春泪"驻扎在心里，只要下雨天，必想起芍药上的点点雨露。物为人生，人赋物神，一个"有情"（"多情"更贴切），一个"春泪"，古人以物喻人、以人喻物，恰如其分。

菊花本是寻常物，千姿百态羡煞人。菊花的优势不在娇艳，而在烧不尽的野、傲霜而立的傲、不施粉黛的素。现如今，我们在菊花节上看到的展示品种大都属于人工培育，大如牡丹，娇如滴水观音，虽提高了观赏性，却也失去了其"野、傲、素"的品性。

窗前必有芭蕉树，雨打叶片催我眠。在南方，窗前的芭蕉最为醒目，无风时潇洒自在，风来时摇摆起舞，芭蕉成了最能撩起诗情画意的一种植物。可惜，此植物只有南方可以栽植，北方的寒冬给了它闭门羹。

如果说一种植物属野蛮生长，那非浮萍莫属。浮萍是贫贱之物，河中的富养物质越多，生长的越旺盛，越疯狂。人们喜之，是因为它可以消耗水中的有养物质，为鱼类提供食物；人们厌之，是因为它过于肆意繁衍，阻碍河道，不利于其他生物生存。浮萍总给人漂浮之感，心无常性。既有了"浮"，为什么还要一个"萍"字。

树木本无品性，社会发展过程中对其形成了一些约定俗成，这些约定俗成或许也与树木的形态有一定的关系。比如柏树，一般种植在肃穆庄严之地，家居庭院很少栽种；石榴树、海棠树则取其多子多福之意栽在庭院居多；槐树、榆树也适合栽种在家里，大概取这两种树木朴实、长寿之意吧。

梧桐树作为行道树实至名归。其优点是树冠宽大，树干干净，覆盖宽广，缺点是树冠低垂，过于繁茂。有的梧桐树树干直径能达一两米，挤占空间，树根常把道路拱起。如栽种太密集，两树"勾肩搭背"又会破坏树型，那些长的较低的树干还会给车辆行驶造成妨碍。到树木生长的后期，又极易枯死，歪七扭八地倒在道路的两旁，非常难看。有好事者，识其弊，大加砍伐，又引起恋旧的百姓抵触。现在的行道树逐渐被寿命更长、树冠较小的银杏树、香樟树所取代了。

槐树和椿树是常见的树种，俗有香臭之分。香的槐树和椿树的花叶可以食用，味道鲜美。李渔在《闲情偶寄》里对榆钱入食大加赞赏，实际上，槐树和椿树的花叶不亚于榆树的榆钱儿。臭的槐树和椿树有难闻的味道，是不是有毒不得而知，反正树叶不能入食。臭椿树上会生长一种黑白相间的硬壳虫，好像只有椿树上才有，一触摸，它就装死缩成一团，从树上掉下来。不去管它，又会慢慢地恢复原样爬上树，这种虫子现在很少能见到了。

柳枝婀娜多姿，特别是初春时节，嫩芽初上，含苞待放，把一片灰蒙蒙的大地染成了浅绿，使人觉得春意撩人。原以为柳树只在北方种植。有一次去扬州瘦西湖游玩，竟看到沿湖岸倒伏的一排排被浸泡的柳枝柳叶，不知道这是不是那充满意境的"烟花三月下扬州"中生出的"烟花"柳树了。2021年曾发生了西湖柳树被移除的风波，更坚定了柳树无处不在的说法。柳树还有白杨，易栽好活、价格便宜，想当初经济发展水平不高，栽种这种树多是看中了其速生和便宜的优点。没承想既成了一道风景，对于有情怀的市民，谁也就动它不得了。

如有人问，花开无数，最欣赏哪种呢？答曰：玫瑰。玫瑰有牡丹之艳丽，又有月季之傲枝，风姿绰约，迎风而立，其神姿皆属一品。"赠人玫瑰，手留余香"，其情其物其质都令人称道。

卷十一
诗文

　　诗词歌赋最忌生搬硬套和"为赋新词强说愁"。写诗作赋来自灵感和语境，有时候灵感触动，能妙语连珠；有时候焚香沐浴、屏息凝神也可能写不出生动的文字。

　　诗词歌赋要有贵气，这里的"贵"不是富贵之贵，而是作者站位要高远，立意要广阔，能够以小见大，以大看小，皆如行云流水。现代诗歌创作摆脱了词牌的束缚，迎合了随情而发的创作趋势，但也并非分段分句即可成诗，切忌前言不搭后语。下围棋有"本手、妙手、俗手"之分，没有基本功，弄不好就会出"大俗手"。

诗是文学精灵。拈一首小诗，需遣词造句，需引古叙今，需符合诗词韵律词牌，更需情致寓意，绝非易事。诗需要有感而发，切忌闭门造车，搜罗词句。要写出一首好诗，平时需多读诗文揣摩，临摹仿制，方能情到深处，文思泉涌，一发不可收。

文章是文字排列组合的艺术，其成功与否，全在于作者的遣词造句功夫。王国维用"隔"与"不隔"来区别作品的优劣，也说明创作过程中合理想象的重要性。过于夸张和延展，即便词句再优美，也会有矫揉造作之嫌。

写作者可以尝试多种写作风格和形式。古体诗能锻炼修辞功力，现代诗能锻炼思维能力，议论文能锻炼逻辑能力，政论文能考验觉悟和高度。凡此种种，都需要不断磨砺，勤于学习，方能成"高手"。

不管是论文，还是公文，只要是白纸黑字，都要认真核实、反复推敲、反复斟酌。文章越改越精，是一正理。如有不着急编发的稿件，也可以多放些时日，再字斟句酌，更能发现纰漏。

在宋代，古体诗词从内容到形式都做到了极致，也直接把唐代"白日依山尽"的平铺直叙演进到宋词词牌艰涩难学的境地，导致曲高和寡。各种词牌、曲牌各显其巧，不下苦功夫实难掌握，宋人如此，现代人更是知之甚少了。由此想，凡事不可太过精巧，否则无人能够掌握，肯定会被束之高阁，渐渐淡忘。不接地气，不便传诵，再精巧也经不起滚滚红尘的洗礼！

诗性是诗歌创作者个性特征的写照。有的古朴庄重，有的清新秀丽，有的细致入微，有的洋洋洒洒，有的立意高远，有的小情小调，皆因心境、意境、处境不同。作画吟诗，除了心静，还要有好的自然景物、丰富的情感寄托导引，所谓灵感跃然纸上，必是众多条件共同促成。

小时候最担心春游、秋游，不是不喜欢玩，而是回来要写作文。头疼的是要么写成流水账，要么胡编乱造，全是干瘪的空话、套话，牵强生涩。究其原因：一是不善观察且没有发散思维，只能见一说一；二是缺乏必要的心理活动，纯粹是描述性写作；三是读书有限，不会旁征博引；四是缺乏思考的意趣，找不到引人入胜的视角。长大了，这些问题也不能说已经解决，写出的文章仍乏善可陈。

写文章像盖房,要提前把七梁八柱搭好,不能随意铺设,顾前不顾后,不要出现"楼盖好了,才发现没有楼梯"的情况。逻辑性强的作者会把要点汇集起来,不至于写着写着,就写不下去。有了整篇文章的框架和要点,写出来的作品就不会出现太大偏差。当然在创作过程中,可以根据新的思考对内容进行丰富和完善,这都是后话了。

写小说或剧本必有一主干,不论是《红楼梦》《三国演义》《水浒传》《西游记》这些多线索的小说,还是单一化的人物传记,都需要围绕主人公进行一系列剧情铺设,应强化主人公的主体意识。写作比较复杂的散文、游记或感悟,也是同理。

现在写文章往往引文不可少,似乎引文越多越显作者博览群书,功底深厚,更有甚者整篇文章成了引文的罗列场。还有一些刊物要求文章内必须有引文,好像没有引文,作者的文章就没有根基。有的作者也喜好引文,没有引文就没有写文章的自信。实在搞不明白,自己写文章为什么偏偏要别人帮着站台呢?在引文上,毛泽东同志写政论文章时使用得非常精妙,像"李鼎铭说…"的千古奇文或"一个叫司马迁的说过…"的旷世佳作,引用少而精,且紧扣主题,比通篇都在引用古人名家文章的"文学大家们"不知强多少倍。

作诗写文所谓的一气呵成,是对整篇布局构成而言,没有"不能动一字""一字不能动"的说法。名人大家的文章还要左涂右改,更何况文字功底不够扎实的人呢?看《红楼梦》的稿本会看到大段的修改,甚至整页重写。原稿与定后稿差别如此之大,有时甚至遗憾没有人把改前稿也刊印出来,这种对照一定很有趣味。现在看到有些学生,养成了速成的习惯,文章(论文)写完后连回头重看一遍都懒得去看,怎么能出精品力作呢?

今人著书和评书,易犯两个极端:一是将虚事实化。本是一部小说,却对号入座,必究其背后的隐喻暗喻,钻进自我设定的死胡同,干很多异想天开的蠢事;二是将实事虚写。此风近些年大涨,人物是真实人物,而故事却子虚乌有。随意编排历史,搞得人不人,鬼不鬼,非常容易造成认知混乱。借历史线索演绎小说也好,凭空杜撰历史故事也罢,关键是要尊重历史。

不同的文本、格式需要不同的语言风格相配才和谐自然,论书画作品多用清绝高古之句,写论文则多艰深生涩之学术语言,写宣传类文章则多高屋建瓴视野宏大之词,写诗词歌赋宜清雅别致奇绝之词。就连作报告和演讲也要针对不同的对象使用不同的语言，才能让听众听得进去。现在有些学生能用文言文写出一篇立意高远的政论文，也是标新立异的佳作，所以也不能一概而论。

文论贵有个性，不能千人一面，能够"闻其声，便知其为谁"才是上乘之作。近代首推曹雪芹的《红楼梦》，大小人物出场，不论语言风格，还是步态行走，皆似画像一般，也是作文写书的最高境界。当然，我们看到的全是过录本，有的过录本把林黛玉"摇摇地走来"，加了两个字，变成"摇摇摆摆地走来"，不知作者看到之后做何感想了。

听见两位老人点评时下的文章，冒出"借典核以明博雅"之句，原来出自李渔《闲情偶寄》一书中。我们的有些文章喜欢用古人名言佐证，也是今日之时尚，并且尽可能去搜罗生僻之词句。只要不成为"经典"之集大成，似无大碍，谁的文章不引用一些典故金句呢？写文作诗如没有新意，也可从古语中找些灵感。说几句古语，说不定能起到"化腐朽为神奇"之功效。

身在斗室，放眼万里，才能写出明丽畅快之文字。远足更好，没有远足的条件就更要博览群书。李白能"梦游天姥"，普鲁斯特能"追忆年华"，概有一个驰骋天地的大脑了。

续书或补写名著自古有之，但成功者不多。要么作者原意被篡改，要么借原著之名谋个人之私，被诟病不少。要跟随原作者的写作风格和写作脉络把没有写出的内容补续，要多难有多难。一位评论家说："如有其才，何不另起炉灶，自己重写一本书，除非沽名钓誉。"但续书也不是不可能，有些人善于卖弄文采，展示才华，假如有一个奇绝之人，愿做这种尝试，也许有一二成功的机会。

早在明末清初，李渔即对名著续书有过精辟的论述，"即使高出前人数倍，吾知举世之人不约而同，皆以'续貂蛇足'四字，为新作之定评矣"。这不关乎你的续作本身，实则与同代人的心境有些关系。名著已名冠天下，虽有瑕疵，毕竟作者已经作古，作品也被定格。今人的续写，当代人情感上会接受吗？肯定会以更加挑剔的目光审视你的续作，这种排斥都是不言自明的道理。即便李渔有言在先，仍有很多作家铤而走险，最著名的就是否定《红楼梦》后四十回，拉开架势要还《红楼梦》本来面目，结果是被现实打击得粉碎，难道现代人没有看到李渔的提醒？

韵脚是常见的诗词歌赋之韵法,易学但用好不易。有些诗歌为韵而韵,选词牵强,直接降低了诗词歌赋的水准。现代人的诗词歌赋已把首韵、尾韵用得精当,特别体现在歌曲创作上。一首词曲朗朗上口,必是有直达人心的韵味。记得21世纪初,有一首描写古代战争场景的歌曲,合辙押韵、意境悠远、唱腔空灵、歌词神秘,成为当时的流行曲。

著书立说多有教导他人、开启智慧之功效,所以写文作赋绝非小事,要做到三不写:无新意不写;没考虑明白不写;为斗米不写。做学问要严谨规矩,在此基础上,才谈得上写作的技巧。著文不能前后矛盾、有呼不应、虎头蛇尾。作者有这种自觉,才能写出不浪费别人时间的好文章。

现代人写文章,喜欢用大题目,"语不惊人死不休"。粗粗一看,"场面"挺大;仔细一读,毫无可取之处。如果文章都是似曾相识的套话、空话,对读者能有多少帮助呢?有的作者不是潜心钻研学问,而是花费大量时间东拼西抄,就像小孩玩拼图游戏。这个过程没有任何创新,只是对旧衣服的缝补。即使"天下文章一大抄",也要抄出"碎布缝衣"的巧妙才行。

当文章写到一定紧要处,想必很多作者都有该说已说、黔驴技穷之感。文章必有"文眼",如实在思维滞涩,不如先放一放,等灵感显现再动笔,切不可草草收场。

文人写文即便就事论事,也要瞄准对人生、社会、宇宙等的关切,读之不乏味,写之不枯燥,文章有好立意,有传世的价值。作者要学会分身术,一方面要以作者身份写出见解独到的真情实感,不人云亦云;另一方面又应站在读者的角度,体会读自己文章的感悟,是否有所启发、有所教益,能否解惑一二。如能够身分两体,文章的质量就不会太差。

大凡写作者,都如履薄冰,谨慎对待每一个文字和标点,只恐只言片语被推上"大众点评",或被放大不足,连原先的好名声也被葬送。天朗气清,大道不孤,说出真心话,公正者自有取舍和辨别的能力。当读者不是心怀不悦地阅读他人的文字时,那说明已经在理性的大道上阔步前行。一个思考者既然"闪光"地思考,我们有必要配合他的节奏,一起起舞,至少不要举起幸灾乐祸、落井下石的刑具。

在遵守规矩的前提下,致力于突破常规、标新立异,才能推动事业进步和写出创新文章。按部就班,亦步亦趋,固守成规,写出好文章也难。

散文和诗歌是一对好姐妹。散文蕴含着诗韵,诗歌有散文的悠然。当散文以诗的形式出现,抑或诗用散文的叙事和剧情呈现时,一部大史诗就产生了。

为文者,如不能立新言,不如不写。曾读到一个刊物上竟发了两篇除了标题不同,内容基本相同的文章,而作者却供职于不同单位。这显然还够不上我说的新不新的问题,是学术不端。出现这种情况,不仅作者要检讨处理,而且编辑也该"打板子",不能用"文责自负"一笔带过。

有学者认为,中国缺乏哲学巨制,《论语》只有区区一万五千字左右。但人本身不就是如此简单,为什么要用复杂的逻辑捆住自己的手脚?做人的道理,孔子讲得极其明白,甚至都不需要注释和演绎。如果伟大的作品都是艰深难懂的,那对芸芸众生来说是多么的"高处不胜寒"。宏大的篇章也许还不如莎士比亚一句:"生存还是毁灭,这是个问题"来得彻底。对于普通人而言,这一句竟超越了冗长的论证。把高深艰涩的理论交给学者们去做吧,他们做得越深奥越好。高深和直白,两者都有同等的价值。不管是巨作还是"金句",关键是要告诉人们真相和真理。掩盖事实,歪曲真理,对人类都是灾难和禁锢。

培根说:"学养可助娱乐,可添文采,可长才干。"学养不是生而具备的,要学养,一靠读书;二靠体验,两者都是增进学养的好办法。有了学养:一是可以丰富情感世界,感受世间百态,也能借此提升别人没有的灵气;二是能够站在较高的平台上,触类旁通,举一反三,无论写作还是演讲,都能"下笔如有神",左右逢源;三是见识能随之增长。在处理事务时,自然水到渠成,视野开阔,领先一步。但也切记,学养不是卖弄的资本,一旦学养和夸夸其谈为伍,就失去了学养该有的深邃和厚重。

卷十二
书画

　　书法爱好者初涉书法应沉下心来练好基本功，才能做到"干湿浓淡、疾徐顿挫"相互照应。万不可一味取巧，还没有掌握书法的基本功，就尝试"剑走偏锋"之巧，反而误入歧途。比如涨墨法，不管是不是能够出现大写意的意趣，涨墨法不是一般书法家能够从容驾驭的，处理不好，不仅实现不了所谓的大写意，还会使人感觉研墨不够、仓促下笔。

　　琴棋书画，需用慢功，日久得见其成。如凭一时性起，必是来得快，去得也快，恐难真正习得。学习技艺，都是苦功夫，不经过千锤百炼，不付出常人难以付出的努力，怎么能信手拈来呢？

学习书法不可有沽名钓誉之初念。书法创作虽不至于沐浴焚香才可动笔，但一定要怀有对书法的崇敬之情。书评家李瑞清更是把书法同人品联系起来，认为"学书先贵立品。右军人品高，故书人神品"，虽不至于人人如此，但如书写者心存邪念，其字则显阴诈之态。行笔鬼鬼祟祟，点头哈腰，歪邪藏于字里行间，就难以写出敞亮自然的书法。

诗文字画的精进，非一日之功，且每日并不显长进。只有日积月累，才会在不知不觉之中变化。所以，诗文字画的基本功训练要从小抓，长久坚持，虽然不排除年长后专攻一项成名成家者，不过要达到登峰造极之成就，易早不易晚。

学习书法画作时临摹是必不可少的，关键是要选对适合自己又造诣深厚的名家，否则即便照猫画虎，也不得精髓。培根说："多读书是有好处的，尤其是读那些在公众舞台上扮演过重要角色的人写的书。"这段话用在书画学习上，有异曲同工之妙。中国书法绘画源远流长，名家大师浩若繁星：楷书选择以欧阳询、颜真卿、柳公权、赵孟𫖯为佳；行书选择以王羲之、欧阳询、颜真卿、苏东坡为首；草书选择张芝、张旭、怀素、王铎为佳。此是一家之言，决非说如此选择才算正确，也可根据个人喜好取舍。至于学习行书，书法家总结出"永字八法"，并成为入门必学。假如《兰亭序》的第一个字不是"永"字呢？既约定俗成，按"永字八法"学习未尝不可，因为主要的目的不是选用何字，而是加强笔画的学习。

草书书法不单是体现单体字的功力，更主要考验作品整体布局的优劣。一幅草书作品，用笔的深浅和浓淡至关重要。如果全是浓重笔墨，则显得字面过于"富态"和"臃肿"；如果满纸是枯笔、干笔，又觉苍老、干涩、无滋润之感。只有粗细浓淡搭配，相互呼应支撑，做到黄宾虹所云，"浓不凝滞，淡不浮薄"，才是草书笔法之高境。

"笔力"是书法家成熟度的重要标志。我们欣赏一幅作品，首先要看字体的间架结构是否和谐融洽，但这只是基本功，书评家蒋和认为："字体虽佳，仅称字匠，"所以仅做到字形好看远远不够。达到一定境界的书法家，其作品"力透纸背"，能反映其精神世界的饱满和自信。"笔力"强劲，并不是用笔野蛮、不拘小节，如用橡大笔就能写出有"笔力"的书法。有些书法作品字体大是大了，野是野了，但柔弱无骨、字态轻浮；有些书法家的字体字形纤细收敛，但其"笔力"一点不弱，通篇柔中带刚。有些蝇头小楷，虽字体狭小，但端庄中英气四溢，当是千锤百炼的结果。

好书法的较高境界是作品有韵律感，字态秀润自然，不拘谨僵涩，如行云流水，又如跌宕起伏的交响乐。有一定功力的书法家，其字"静若处子，动若脱兔"，姿态优雅大方，仿佛能看到书写者意气风发的样态。这应该是书法家云淡风轻、来去自如的精神体现吧。

书法作品品质的高低，最终反映的是一个书法家的文化修养。如果把书法停留在写作工具和技术层面，而忽视写作者的文化知识学习，其作品必然"浮光掠影"，缺乏深厚底蕴。没有人生的厚度和知识涵养，书法作品终归有肉无骨，如水中浮萍。书写者最多也只能是一个会临摹的写字匠人。

书法要自成一派，需建立在基本功之上，否则将失去定力和章法。当娴熟掌握书法基本功到一定程度，会有人和笔融为一体之感，自能心到笔到。书法自然从心，久久练之，就会一派气象独显。

书法不是市井的吆喝,其功底自在口口相传中形成,但现在有些准书法家急功近利,搞所谓的一字成家,或用一些名头沽名钓誉,搞得书法界良莠混杂。更有甚者把书法当成飞黄腾达的敲门砖,把本来极具艺术美感的书法添上了诸多的功利色彩,糟蹋了书法。

《随园诗话》从诗的角度解读画作,认为,"画无可读者,读其诗也",未免偏颇。有的画作有题诗,有的画作无题诗,甚至连题目都没有。如说画作极端"丑陋",不值得赏析,那就丢弃掉,否则赏画变成了赏题诗,无论如何都是对画作得"侮辱"。再说画作低劣,诗作一般也好不到哪里去。诗画虽然相通,但表现手法迥异,画有画的赏法,诗有诗的读法。如果为了读诗而购买一幅画作,无异于"买椟还珠"了。

画家、书法家作为一种职业,特别是大师名家,必是经历了千辛万苦,百般磨砺。在成名之前,他们会到处送画送字,碰到识货者,细细点评,赞赏一番,就觉得很有成就感;碰到不识货者,对书画不屑一顾,失望尽显。我认为,绘画和书法作为业余爱好是非常值得鼓励的,如果是作为安身立命的营生,就要慎重。向爱好者进言,如果喜欢某幅字画,要留下一些笔墨钱,这也是对画家书法家们的鼓励和支持，否则赔本的"买卖"不会长久。

　　景美可以入画，画美可以造景。庙宇楼阁须建（画）在恰当位置，才能与自然和谐。景观和谐极其重要，我们看到一些古画，人、景、建筑和谐成趣，如果仿造古画的布局来建楼造屋，是否可以复制其美？

　　画如字，字如画。画作的较高境界如绝奇的书法作品，或拙、或朴、或灵、或秀、或狂、或瘦，浑然天成。书法也同样，如果把一幅字写出如画的"鬼斧神工"之效，衔接自如，搭配顺和，前后照应，也同样是书法的较高境界了。

　　学习书法绘画，初学时的临摹是不可缺少的阶段。之所以如此说，是为了使初学者明白学习基本技法的重要性和克服随意性。但临摹到一定程度，务必要摆脱字帖画帖的束缚，将自己的风格和特点融入其中，否则总感觉似曾相识且拘谨呆板，也是写字作画的忌讳了。

　　一个人的书法作品，不管采用的是哪种字体，都是创作者精神世界的反映。创作者洒脱不拘小节，其作品自然是大风起兮云飞扬；创作者性情温和内敛，其作品必然细腻精准，气息平和。见作品可知创作者的性格特征，或潇洒、或古板；反之，见人也能大概了解其作品的风格特点，或朴拙，或磅礴。

曾有一位老板大量收购某位画家的作品，不是因为此画家的作品已得到业界认可，而是一种"高超"的商业运作。为了提升该画家作品的身价，到处推介和宣传，把收藏当作一种投资升值行为。由此想，历经岁月洗礼，一幅字画能流传下来，需要多少的机缘巧合。传世的未必件件精品，精品也未必能够件件传世。

楷、行、草为书家常用书写形式。一般而论，楷书是书法基础，没有楷书作基础，直接写行书和草书，无疑会缺少定力和章法。我以为，狂草是书法艺术的最高境界，唯有驾驭了狂草才算进入书法界的"无人之境"。狂草的精髓在于，单一字不觉形态之美，但从整体布局看则勾连巧妙，如进入画境一般。浓妆淡抹，遥相呼应，值得深看细品。

卷十三
秩序

我们在制订防范风险预案时，不仅要回溯以前出现的各种事故和失误，更要预演排查未来可能出现的各种风险。否则，只会多一个应吸取教训的案例而已。

当一个单位已有明确的规章制度时，工作人员一定要严格遵守，避免"风起青萍之末"。即便善意的行为，如果按底线度量，也有可能失之偏颇。所以，务必事事小心，对标对表，不能无知无畏地越过雷池，否则追悔莫及。

秩序是社会组织按照公众普遍接受的方式建立和维护的基本形态。只有建立在理性规则基础上的秩序，才能保证社会按此秩序运行。对一切违背人性的恃强凌弱，践踏规则的行为，需要全社会（全世界）挺身而出。

一个人制定的工作方案，是在自己能力范围内做出的最为正确的选择，他人怎么能够轻易改变呢？如果介入者在没有深入调查研究和提出可行性方案的前提下，只凭行政命令随意改变他人已经成熟的工作方案。这种难以令人真正心悦诚服的行事方法，只会埋下抵触的种子。

在一个项目执行过程中，如发现原方案有些许瑕疵，不要在没有绝对把握的情况下轻易改变，除非不改变会带来颠覆性的结果。因为这种改变有可能不是向好的方向转变，如果因改变计划造成团队成员人心浮动，可能连原来能够达到的目标都难以实现。

对同一件事情，不同的人有不同的处理方式和处理结果，这与一个人的工作能力、工作态度、工作经验、工作环境有直接联系。每个人的地位、阅历不同，不要试图用别人成功的经验来处理相同的事务，别人可以成功，你未必也可以。只有根据自己的特点采取相匹配的处理方法，才能达到自己期望的效果。

邪不压正和正不压邪,必造成两种截然不同的情势。邪不压正,则终究海晏河清,君子行于垄上;正不压邪,则道德纲常混乱,小人横行于泥沼。

古有"郑人梦鹿",今有"赵人梦蟾"。"郑人梦鹿"说的是,郑国有个人在野外砍柴,遇到一只受惊的鹿,随手把这只鹿打死了。怕别人看见他打死的鹿,便把鹿藏在了一个土坑里,上面盖上蕉叶,准备没有人的时候把这只鹿再取回,后来竟忘了藏鹿的地点,久寻不见,便以为获鹿之事只不过是自己的梦境;"赵人梦蟾"是赵人小时候,恍惚中在自家门楼一角的窟窿里,看到了一只金色的蟾蜍,拳头大小,浑身湿漉漉,睁着眼在洞里望着他。这个场面印在了赵人脑子里,似乎真有这么一只金色的蟾蜍。梦醒以后,赵人寻找了多次,都无果。"郑人梦鹿"是把真事梦为假事,一乐;"赵人梦蟾"是把假事梦为真事,一痴。梦乎?现实乎?

追求新奇事物是精神状态活跃的一种体现,正是在这种新奇探求中,由个体推动了社会的共同进步。凡是善于接受、尝试新事物的人,一定热爱生活、自信乐观。现如今,互联网要去学，股市要去学，保龄球要去学，克郎棋要去学，网球要去学，迪斯科要去学，交谊舞要去学，甚至大数据、元宇宙、区块链、都要及时接触，赶上了潮流，就赶上了时代。

瑞士的日内瓦湖和梭罗的瓦尔登湖象征着两种不同的生存状态。它们的不同在于："日内瓦湖"没有避世，是在大国之间找到了属于自己的生存空间，不争不是没有边界；"瓦尔登湖"则是避世的去所，与世隔绝，离群索居，不争是不需要去争。一个独立、一个宁静，都泛着人性纯粹的光。我欣赏梭罗的人生态度和自我反问的能力，也向往在瓦尔登湖边钓鱼、快乐地散步和悠闲地思考，但不赞成通过独善其身来探求"人生价值"。注重内心修炼，可以闹中取静，"大隐隐于市"，在纷繁中返璞归真，找到实现自我价值和达济他人的途径，是一种更高的精神追求。

具有一定理性思考能力和拥有不同价值观并生活在社会的人，超然物外是不可能的。所谓"只看到人，看不到敌人"是多么的一厢情愿。两军对垒，你死我活，在生与死面前，你把对方看成是人，对方会把你看成什么呢？

著名诗人艾青在《我爱这土地》中一句："为什么我的眼里常含泪水，因为我对这土地爱得深沉。"永存国人的心中。这不仅仅是诗,也是每个国人的内心独白。我们是这片土地的主人,谁也不能随意剥夺我们工作、生活和快乐,这是我们生而为人的价值和意义。

原以为"扎堆过马路"是过去中国人的专利,实则不然,国外也有过之而无不及。在意大利同样领受过此种"盛况",人数之众之频繁,一点也不亚于国人。不仅如此,也同样"领略"了坐公共汽车的拥挤,甚至更甚。说来说去,扎堆过马路与文化背景没有太大关系,只跟管理程度相关。目前,在国内的许多城市,由于严格的管理,红灯停绿灯行,已成为司机和行人共同遵守的准则。

"制造敌人的艺术",这里有三个关键词:一是"制造",是捏造出来的不实之词;二是"敌人",是制造出来的对立面,越不可思议越好;三是"艺术",制造敌人的过程,要隐蔽,不能露出马脚。前两个容易做到,但"艺术"却不容易做到,做不好不仅会自乱阵脚还会被反杀。

什么时候都要高昂起做人的头颅,把人生放在悠悠万事的宏大背景之中塑造,认真活出自己,就赢了;挺不起腰杆,就败了。向阳而生,是一种简单纯粹的生活方式。人禁锢在一个地方太久,不仅仅是物理性退化,更是精神的压抑和僵死。立于天地之间,把头脑放空,才能装得下幸福快乐的种子。

利己是人本性中的劣根性,但这种本性是有边界的。"己所不欲,勿施于人",同样,在物质利益面前,要"淡泊明志",不能一味索取。利益是每个人都需要的,但要以不损害他人利益为前提,不能为了获得个人利益,利令智昏地造谣中伤,实在有失做人的水准。

人是极易被环境改造的动物。电影《肖申克的救赎》中塑造了两种典型人物:一种是安迪和瑞德,要挣脱锁链,获得自由;另一种是老布,已经习惯于被剥夺。安迪、瑞德有追求自由的强大信念,终于卧薪尝胆赢得救赎;而老布由反抗到顺从再到对监狱的依赖,则完成了自身的蜕变。环境能够改变人,当自由被剥夺太久,就会慢慢习惯于束缚的环境。

豁达和宽容是多么美好的人性品德,也是难能可贵的生活状态。善于从思考中感受生活,乐于从生活中提炼思想,就能享受到智慧的乐趣。

不管正值壮年,还是年过半百;不管身处顺境,还是身处逆境，都要做一个有方向感的人。有方向，就不会在前进的道路上迷失。人生的不同阶段，有不同的前进方向，只要不迷失前进的方向，你的人生含金量就高。

人类社会的本质是什么？是幸福。幸福是人生追求的第一目标，不管在何种形式下，只有最大限度地将幸福创造出来，才是进步的、符合自然之道的。每个人都要有健全崇高的幸福观，才能在有效实现个人价值的同时为社会进步做贡献。

"恪尽职守"和"抬高一厘米"是冰冷的职责和温暖的人性之间的较量。"抬高一厘米"的典故来源于柏林墙倒塌后对曾经射杀过越墙偷渡者的卫兵的审判。对偷渡者格杀无论，是职责要求，没有任何问题，但没有把枪"抬高一厘米"，而是直接结束了偷渡者的生命，在道德上是"有罪的"。律师的辩护说服了法官，卫兵被判了三年半的刑，这真是一个在当今世界闪耀人性光辉的审判案。可在当时特定的语境下，把枪"抬高一厘米"何其难也，特别是在人性和职责之间进行选择的时候。

废除死刑和禁枪一样，在一些国度看似理所应当，在另一些国度却认为不可思议。对杀人的人，不管是杀害无辜者还是深仇大恨的仇人,是判处终身监禁还是判处死刑?如果仅用"死不可以复生,生者有生者的权利"作为说辞,那"杀一个够本,杀两个赚一个"的泄愤杀人,社会还要让其"好死不如赖活着"吗?有的国家看似"匪夷所思"的持枪权利,在各种枪击案面前,也只是在设置持枪的限制而没有哪个党派敢喊出禁枪的口号。所以,规制合不合适,不是看观点是否激进、超前,而是看是不是被大多数人所认同及符合一定社会的道德规范和文化传统。反对持枪和废除死刑,一个看似保守,一个看似激进,在不同的社会环境下,可以演化出不同命题。

卷十四
童趣

　　每个人的童年都有忘不掉的童趣。不管时代处于何种发展阶段，不管你的家庭贫穷或富有，不管是在城市还是乡下，童年的记忆总是最深刻、最难忘、最有趣。20世纪60年代—70年代，国家贫困落后，即便如此，儿时玩乐的情景仍历历在目，充满乐趣。这里，只为我那个时代的童年立此存照。

　　一、丢手绢

　　这可能是普及率最高的游戏了，城市也好农村也罢，都能看到它的身影。特别是那首耳熟能详的儿歌《丢手绢》，把游戏烘托得更加富有童趣和诗意了。丢手绢的游戏规则很简单，就是很多人围成一圈，丢手绢的人要围着圈转，不动声色地把手绢丢在一个人的背后，然后继续走，如果被放手绢的人发现了，他会拿起背后的手绢去追赶丢手绢的人，如果追上了，则丢手绢的人就输了，还要继续充当放手绢的人；如果放手绢的人能迅速跑到被放手绢人的位置上蹲下，就算赢了。如果被放手绢的人，没有发现自己被放了手绢，他要被放手绢的人打一下，并且充当下一个放手绢的人，如此反复。

二、推铁环

这个游戏也比较普遍。当年的水桶很多是木制的，外面再用三圈铁箍围住。木桶坏了以后，铁箍就被孩子们用来推着玩。推铁环的工具，一般是一根木杆加一个用铁丝弯出来的U形弯钩。那时经济条件不富裕，坏的木桶很少，也没有单卖铁环的商店，所以谁能有一个铁环，就很骄傲。经常被其他孩子们借着推玩，看谁能够推得远而不倒。有时为了增加难度，还会故意往高岗上推、转弯推。现在想起来，这有什么好推的，当时竟也觉得快乐无穷。

三、推"泥关儿"

制作"泥关儿"并不复杂。先找一些黏土，把水和黏土和在一起，就像揉面一样反复揉捏，增加黏土的韧性。揉好后，找两个铜钱，把大约半厘米厚的黏泥加在中间，用一根筷子（可用其他物品代替）穿过铜钱孔来回滚动，滚圆后把两个铜钱取下，把"泥关儿"晒干。如此，可以做出很多大小不一的"泥关儿"。玩的时候，用两块砖或木板架成一个斜坡，按顺序把自己的"泥关儿"滚下，一般五六个为一轮。一轮完后后面的人再接着滚，如果碰到其他人的"泥关儿"，就可以把被碰到的"泥关儿"拿走，当成自己的"战利品"。这是"价廉物美"的游戏，小时候我对此乐此不疲。

四、杏核瞄准

首先要准备好洗干净且晒干的杏核或桃核，玩的时候，放一块砖或木块在地面上，每人往砖上放几个杏核。然后各拿一个稍大的主核，分别站立瞄准放在砖上的杏核并掷下，如果能把放在砖上的杏核砸到地上，那么这个杏核就是砸中者的了。为了提高命中率，孩子们会到处寻找大个的杏核做主投，如果不小心，自己的主投核落在了砖上面，会成为其他人的主要攻击目标，因为砸中的概率高，也更有价值。那个年代没有电视，也没有更多的娱乐项目，男孩子都喜欢玩这个。因陋就简的玩法，回忆起来也同样兴趣盎然。

五、自造"链子枪"

"链子枪"在小的时候流行了好长一段时间，是男孩子最爱的玩具，属于玩过的物件里技术含量最高的一种，制作过程也比较复杂。首先要把自行车的链条一扣一扣地拆下来，因为没有合适的拆装工具，这个过程非常艰难。把链条拆下来以后，一般要用十个左右链条部件排到一起，用橡皮筋或剪开的车胎条把它们固定住。再用铁丝弯出一个手枪的形状，把枪管部分穿过拆开的链子，用辐条与轮子结合处的条帽砸进最前面链条的眼里。再制作一个撞针，把针磨尖，这样才能同前面的条帽很好地咬合撞击，再用皮筋一类的东西，制作一个可以拉伸的枪栓，它的作用是通过弹性把撞针沿链条孔打进去，以便撞上顶头的条帽。除了不是真枪，它们的原理是一样的。"链子枪"怎么玩呢？很简单！把最前面的两个链条扭到一侧，把一根火柴插进条帽的眼里，再把链条复原，拉开枪栓，扣动扳机，撞针撞击火柴，会发出"啪"的声响。过年的时候，这是很重要的玩具，记得有一年，我的"链子枪"很给力，只要把火柴放进去，就能打响，并且可以连续不停地打，很过瘾。当时自行车很少，要找到这些零部件，也不是一件容易的事，谁要能造出一把"链子枪"，就够小伙伴们羡慕的了。

六、打陀螺

小时候的陀螺大都是自己做的。找一个树干，锯成陀螺大小的树块，把一端削尖，就可以玩了。再高级一点，把着地的一头砸进一粒滚珠，转起来会更快更稳且不容易磨损。可以根据需要，锯出大小不同的陀螺。当时年龄小，也不会用锯和刀，说着容易，真要做出来，印象中也不太容易。

七、打"元宝"

打"元宝"是经久不衰的游戏。要先用两片纸分别折成两个长条，十字交叉，再把一头对角折叠，依次压住，最后会折出一个方形的"元宝"。打的时候，一方先把自己的"元宝"放地上，另一方用手中的"元宝"用力甩放在地上的"元宝"，其作用是借助风力把对方的"元宝"掀翻。如翻过来，就是自己的了。当时，为了增加风力和重量，会找厚一些的牛皮纸做"元宝"。当然，必须大小适中，这样才能公平。否则，你做一个超大的"元宝"，谁也掀不过来就没有办法玩了。手中用来摔打的"主元宝"也不能太大，那样自己费劲，效果也未必好。有时候也搞点小动作，为了增加重量，在"元宝"里放铁片，如果被发现作弊，就只能作废。

八、"吃杂面"

放学以后，一帮小朋友就开始"吃杂面"了。不是真要去吃杂面，主要是把三个字喊出来，喊时不能换气。如果做东的人能不换气就把其中一个人抓住了，做东的人就赢了，被抓的人要继续充当"吃杂面"的人。如果在这个过程中，做东的人中途换气，他就会被别人追打，为了不被追打上，要快速跑回出发的地方，一般是一个高地上。至于为什么叫"吃杂面"，就不得而知了。

九、"模儿"

小时候，总见到小商贩推着车子卖"模儿"。"模儿"不大，十厘米长，五六厘米宽，形状弯曲，被烧成了红瓦片的颜色，里面有各种图案，印象中大多是像扑克中的大小王的图案。有时，钱攒够了会买几个，大约是五分钱一对。那时候喜欢手工，会把买来的"模儿"两个对上，中间放上黏泥捏压，就会把图案印在上面，晒干后可以摆放，也算个"艺术品"了。

十、打弹珠儿

弹珠儿一般都是五彩的玻璃球，有的玻璃球中心有花瓣，有的是没有花瓣的。打弹珠儿，在北方非常普遍，是一个群体性游戏，要两个人以上。第一种玩法是规定一个区域，在其中分别放置几颗玻璃球，然后用自己手中的主球去撞击划定区域的玻璃球，如玻璃球被打出圈外，就归自己所有，可以继续击打，打不中，则换其他人击打；第二种玩法是在地上挖三到五个坑，规定一个出发线，每人要依次把自己的主球弹入设定的坑中。比赛规则是只能用拇指和食指结合把玻璃球弹出去，不能采取其他方式。在投掷的过程中也可以不直接把所有的坑走完，而采取对对手的玻璃球进行阻击，以便阻止他人的玻璃球先到终点。先到终点的人，有权力击打对手的球，打中的归自己所有。现在，人们会说玻璃球很便宜，几块钱一大把，费这么大劲干吗？但当时自己买玻璃球可不算本事，能赢别人的才算。

十一、种黑枣

黑枣，实是柿子一类的食品，同富平柿子是近亲。小时候不知道黑枣在树上是黄橙的颜色，一直天真地以为是黑色的。还记得五分钱可以买一大捧，现在市场上很少能看到黑枣了。儿时听说黑枣是在山地里生长的，就把黑枣核埋在土里，上面堆积上了石子。令人兴奋的是第二年还真从石堆里拱出了像豆芽一样的非常纤细的嫩苗。问题是不压上石子还好，压上了石子，柔弱的黑枣苗怎么能生长呢？就像爱迪生小时候蹲在鸡蛋上孵小鸡一样，只看到了事物的表面，犯了机械唯物主义的"错误"了！那嫩芽经风一吹就摇摇欲坠，很快夭折了，也算自己好奇精神的一种实践了。

十二、种黑棉花

童年总是天真得可爱。看到一本科普杂志上说棉花嫁接在向日葵上，可以结出黑色棉花（因为葵花籽是黑色的），当时不知道是科学幻想，就想试一试。记得特别清楚，有一天傍晚，我找了一根棉花苗，把一棵向日葵的茎切开，就像果树嫁接一样，把棉花苗插在向日葵的秆里，用布包扎好，满怀期待地等着长出黑色棉花。可是两种不同类的植物怎么可以嫁接在一起呢？结果没几天，棉花苗就枯萎了，向日葵还因为被棉花绑住，造成了局部发育不良，一场大风就把向日葵拦腰吹断。那时，我家的向日葵已长得非常粗壮，还有大大的葵花，我非常自责，但爸妈并没有责怪，他们温暖的笑容至今印在我的脑海里。小时候，我特别爱思考，也愿意去实践，好像没有自己不能制作的。

除了种黑棉花，还自制了摔炮、印背心的数字、蜡烛等。长大了动手能力也比较强，可能是因为小时候就形成的习惯吧。

卷十五
札记

一、关于《红楼梦》

第一回关于贾宝玉和林黛玉的身世有不同的说法，比较混乱。早期的绣像本比较符合逻辑（似也找不到是哪个版本），说的是补天石通了灵性，幻化成神瑛侍者，看着一棵绛珠仙草美丽，就"多管闲事"（无事忙）去浇灌，竟感化仙草幻出人形，随神瑛侍者来到人间，从此以泪流不止（以泪还水）报答恩情。这种处理似能够把贾宝玉的两个前世，即补天石和神瑛侍者巧妙统一起来。①

(2019.11.20)

  第四回葫芦僧乱判葫芦案牵扯的人物众多。一是为李纨存照。父亲不让学习,无才有德;贞女节操,无欲无求;思想保守,只专女红;身锁家中,一心教子;二是寥寥数语引出了薛姨妈、薛蟠、薛宝钗三人的优缺点,看似不经意,实则是盖棺定论之笔,未来归宿皆出于此;三是集中交代了薛蟠,一个纨绔子弟形象跃然纸上,可爱可恨。本回内容丰富,借判案交代了许多事情。隐隐感到,写得过于仓促,也许作者想尽快把相关的人或事交代清楚,急急让林黛玉出场了。

(2020.8.3)

  第九回庚辰本回目为"恋风流情友入家塾,起嫌疑顽童闹学堂"比程乙本回目"训劣子李贵承申饬,嗔顽童茗烟闹学房"要好。李贵、茗烟都是小人物,配角之配角,何以在回目出现,也缺少庚辰本的文气,但看看前后回目,似都以人物统领,如果不纠结文采,倒也无妨了。

(2020.8.3)

---

① 因反复阅读《红楼梦》并多次评注,收录进此卷的评注并没有按时间顺序排列。——作者注

第十回看到了"早吓得都丢到爪哇国去了"这种"时尚感"很强的句子。爪哇国今指印度尼西亚爪哇岛一带，古代因其十分遥远，特指虚无缥缈之地。如果不是《红楼梦》中提到爪哇国，估计不会有几个人知道这个地方，现在反而成了人人会说的口头禅了。包括第二十六回借红玉之口说的俗语，"千里搭长棚，没有个不散的筵席"，以及八十二回林黛玉说的，"不是东风压了西风，就是西风压了东风"等，都是被后人反复引用的"金句"，出处原在这里。

(2017.4.16)

第十三回描写秦可卿之死，这一回因为脂砚斋的批语被爱好者赋予更多的联想。秦可卿之死是为贾府的败落做引，就像宝玉梦游太虚。可既生了凤姐这个"亮"，又何必有可卿这个"瑜"呢？都一样聪明能干，所以只能剩下凤姐这个"亮"了。昨晚也做了一个有关秦可卿死因的梦：一是政治原因；二是生活问题，最后还是归结到生活问题上了。

(2020.8.3)

第十七回在新落成的大观园里贾政试宝玉才情,叹为观止。在这一回中宝玉彻底让贾政"长了脸",虽多有对宝玉才高一斗的"责骂",也是美从心中来。但也怪,文思泉涌的宝玉为什么见了如花似玉的姐姐妹妹们一下子就呆了呢?并且宝钗也不愿意让宝玉叫她"姐姐",年轻人的心思和可爱跃然纸上。

(2020.8.11)

第十八回贾元春省亲,有两个细节可以看到元春的人品:一是连丫头小厮都一一照顾到,十分的妥帖,万不可将此行为简单地归结为"小恩小惠、笼络人心"一套,还是应回到人性的真实状态。从这里可以知道元春是一个细致入微之人,难怪能进宫侍君;二是元春有三次"不可如此奢华靡费"之意,对贾府的铺张浪费也是于心不忍。

(2020.8.12)

第二十二回中猜灯谜是我非常喜欢的一回,在这一回中对贾政有了生活化的展示。脱下官衣的贾政摆脱了古板的形象,难得开心地享受天伦之乐,特别是与宝玉之间的私语,真猜假猜玩得开心,爱子之心爆棚。但贾政身处官场,经历繁多,对官场风云敏感,看到孩子们不经意的灯谜,冥冥之中触动心弦,悟到警示后的伤感与儿女们的开心快乐形成鲜明反差。这一回虽是元宵,但热闹的表象下透着无奈、凄凉,不自觉说出了散了、困了、撤了这些消极的词,包括后几回里虽还勉强有结社的形式,但心气已无。曹雪芹在繁华表象背后营造的凄凉氛围,无人能够企及。

(2020.8.13)

第二十二回把宝钗特别提到,感觉这是曹雪芹的用心之处。他在颂扬宝黛爱情,这是主线。但宝钗的清醒和贤惠又让他不能完全放下。黛玉虽好,但毕竟只活在自己的童话里,可以传颂,也可讴歌,确也少了烟火气。焦首煎心,何其烦也。

(2020.8.13)

第二十二回通过贾政之口对贾兰和薛宝钗作了评价。说贾兰不叫他出来玩的话,就不好意思过来,既过来了,也无啥阵仗,感觉这孩子唯唯诺诺,贾政不喜欢。再有是多次提到宝钗,特别通过一首宝钗作的诗,认为宝钗"非永远福寿之辈"。在《红楼梦》的结尾中,这两个人物都要肩负贾家复兴大业,显然难当其任。难怪贾政叹息不止。

(2020.8.13)

第二十七回重点是黛玉埋花冢并吟诗。无情不成诗，诗是心灵的挽歌。一腔有情泪，撒做百花泥。

（2020.8.21）

第二十八回设计了元春往贾府送宫里的玩意儿，有意给宝玉和宝钗送同一物品，借此挑明了元贵妃对宝玉婚姻的态度，实际上增强了情节的曲折和无奈。贵妃可不是一般人，一言九鼎，由此也暗示了宝黛爱情不能善终。

（2020.8.21）

第二十九回贾母去清虚观打醮，也明确了她对宝玉择偶的标准，简单说就是，一要模样好，二要性格好。模样好，黛玉是绝佳美人坯子；性格好，黛玉却远远没有达到。曹雪芹看似不经意间把一些关键点明了。黛玉拥有宝玉的爱情，宝钗没有；宝钗有亲朋的认可，黛玉没有。从字里行间看，宝钗未必真对宝玉有感情，但宝玉身份特殊，不能说宝钗完全没有嫁给宝玉的想法，但由这种想法引出的对宝玉和黛玉亲密关系的排斥，不是爱情而是女孩子的嫉妒心了。

（2020.8.21）

第三十回宝钗借丫头找扇子之事，大大地出了一口压抑之气。宝钗能够如此机敏反讽，"骂人不带脏字"，直接让宝玉、黛玉尴尬了。宝钗在宝玉、黛玉三角关系中处于劣势，她明白宝玉心之所属，只是本能地不服气而已。本也无意卷入这场争夺，但因为自己是黛玉潜在的"情敌"，多被黛玉挤兑，宝玉为了让黛玉高兴，也多有挖苦宝钗之意。这一回目"宝钗借扇机带双敲"，甚是巧妙！

（2020.8.21）

第三十二回主要情节是金钏之死，却反衬出了宝钗的性格和为人。先是考虑到袭人忙，自己主动为宝玉做鞋，再有就是金钏死后王夫人着急给她做装裹衣服，这时候宝钗出现了，匪夷所思地说，可以把她的衣服先让金钏用上，身量相符。这一举动解了王夫人天大的难题，后又有安慰王夫人惊人之语。在这一回里，宝钗的多思和冷静超出了常人，特别是一个未婚女孩子竟把自己的衣服给逝者做装裹衣服，这种大不吉利的事情，宝钗竟平静地做了出来，到底是什么支配了宝钗的行为呢？是一味地讨好王夫人，还是宝钗本性的自然流露？是宝钗本就如此善解人意，还是城府极深？是宝钗做事妥帖，还是企图利用这种机会博得好名声？人性复杂，我们没有权力站在道德的高地来评判宝钗。

（2020.8.22）

第三十九回刘姥姥胡诌了一个祠堂供奉茗玉小姐的故事，宝玉当真让茗烟去找。这看似滑稽，实则显露出宝玉的可爱之处和真性情。愿天下女子皆有好报，天真中有自己的精神世界。

（2021.2.9）

　　第四十一回核心是"欲洁何曾洁"的妙玉，把妙玉的洁和不食人间烟火写到了极致。真真不得了，这一系列过洁的举动，不是奔向了物极必反吗？妙玉举起的几板斧，一斧比一斧叫劲。殊不知，如此一来，妙玉已注定无栖身之地了。

（2021.2.10）

　　第四十五回说到宝玉和一众姐姐妹妹要起诗社，推举李纨作社长。为了筹款，李纨带众姐妹去请凤姐出山。在判词里虽描述李纨贤淑内敛，但在这一回里却大为颠覆形象。她软磨硬泡让凤姐出钱，语言机锋尽显，举止泼辣大方，不达目的誓不罢休。至此我们还能简单说李纨贤淑内敛吗？曹公真是太厉害，没有为每个人画单色相。

（2021.2.14）

第四十七回有凤姐陪贾母打麻将一场戏，纯粹是为了逗老太太开心，要"点炮"还得点得自然，这真是凤姐的功夫了。有时候为了让上下家打出自己要的牌，要欲擒故纵，故意给没上听的人一张牌，引诱他打出自己想要的牌，也要避开别人死捧着自己想要的牌，才是个中高手。王熙凤在长辈面前把这一套玩得精熟。虽把大把银子输了，但有钱难买老祖宗开心呀。从故事发展看，贾母真的是凤姐最大的依靠，老太太一去世，凤姐立马被其他人孤立和落井下石，风光不再。

（2021.2.17）

第五十回踏雪寻梅是《红楼梦》中的一出经典大戏。群芳中多了一个宝钗的表妹薛宝琴，立马使局面变得生动和复杂。为什么这样说呢？因为贾母喜欢上了宝琴，人品才情相貌性格都是贾母的理想人选，心中一百个愿意说许给宝玉。结局虽是以宝琴已许配人家了结，但可以看出贾府上上下下的惋惜。且不论宝琴已许配人家这事，是不是薛姨妈编说的，但就贾母对宝玉婚姻而言，显然宝琴之前的姑娘里还没有人入她的"法眼"。虽说宝钗诸般优点，但不够活泼随性，且城府过深；虽然黛玉相貌百里挑一，聪慧过人，但身体病弱性格还"古怪"，她们都不符合贾母的标准。宝琴的出现满足了贾母对理想孙媳妇的想象，而宝琴已许配人家这件事也给贾母留下了难以实现的遗憾。

（2021.2.21）

　　第五十四回最著名的就是在看戏过程中贾母关于才子佳人的点评，这一大段被凤姐概括为"掰谎记"。贾母为什么要发表如此"长篇大论"，显然不是就戏剧本身就事论事。对此红学家们揣测较多，有的说是提醒黛玉的，有的人说是提醒宝钗的，有的说是就事论事的。可以肯定的是，贾母给读者留下了解不开的谜面。

（2021.2.22）

　　第五十七回虽看似对宝黛爱情有推动，但并没有实质进展。薛姨妈与黛玉"推心置腹"地聊到了黛玉和宝玉的婚事。这一大段耐人寻味。薛姨妈绕了一大圈子说到宝琴，实际上贾母并没有挑明此事。薛姨妈透露给黛玉的用意是什么呢？后来又转到黛玉和宝玉的关系上，是试探黛玉的反应吗？当黛玉的丫头紫鹃让她快去跟老太太说媒时，薛姨妈说了一句让每个女孩子都脸红的话："你这孩子，急什么，想必催着你姑娘出了阁，你也要早些寻一个小女婿去了。"这句话放在那个年代就比较难听了。薛姨妈骨子里是想把宝钗许配给宝玉是无疑的，可为什么这个时候跟黛玉提此事呢？可能是向黛玉传递两个信息：一是黛玉并不是贾母心目中孙媳妇的合适人选，借用宝琴之事打击黛玉的自信心；二是说明宝钗无意加入宝玉婚姻的竞争，借此打消黛玉的顾虑和戒心。假如有如此的深意，只能说姜还是老得辣。

（2021.2.23）

第六十二回有射覆一类猜谜游戏，宝钗有意覆了一个"宝"字，宝玉猜到，直接射了"钗"字，也是宝钗有意把两人联系上，史湘云知其用意，故意说不能以生活中的事为题，要有诗书出处才行。显然湘云不想让他们两个扯上关系，是否也另有自己的心思呢？这个时候香菱要为"小姑子"出头，说此两字皆有出处，一曰"此乡多宝玉"，一曰"宝钗无日不生尘"，连香菱都知道的诗句，湘云怎么可能不知道呢？字里行间，女孩子们进行着含而不露的"斗法"。

（2021.2.23）

第六十七回转场比较频繁，东说一句，西说一句，恐把每一件落下，是不是想为前面的事情进行梳理和了断。从另一个角度讲，这可能是时间的同步性，时间不停，平行叙述，不像电影，都是单线程的，只是这一部分写得过于碎片化了。

（2021.1.22）

第六十八回主要记述凤姐如何把尤二姐"赚"到大观园。一个"赚"字了得。凤姐用三寸不烂之舌，口吐莲花说动尤二姐"起驾"进贾府。凤姐这一番黑白颠倒又看似句句在理的说辞，加上下人的随声附和，让人不得不相信凤姐的"善良""贤惠""诚心"。进入大观园，尤二姐命休矣。

（2021.1.22）

第七十二回写贾琏为了让鸳鸯动用老太太的私房钱，大伤脑筋，表演了软磨硬泡的本事。这一回把贾琏为达目的处心积虑刻画得活灵活现。

（2021.1.31）

第七十五回中把贾珍的不堪描写得过目不忘，本来是照看祠堂"守夜"，却在里面喝酒赌博，划拳行令，恍惚中闻见女鬼的哀叹之声。常言道，"心怯生暗鬼"。秦可卿之死，是贾珍永远无法排解的心结。夜深人静，不免心中杯弓蛇影。真实乎？疑心乎？一些红学家认为，后四十回不是曹雪芹原作，因为文字干瘪、情节不够生动有趣。实际上从七十五回后就有这种感觉。所以文字的优劣也不能作为判断是不是曹雪芹原作的唯一依据。

（2020.12.5）

第七十六回描写凹晶馆林黛玉和史湘云联诗这一过目不忘的桥段。特别喜欢这种对诗的气氛，湘云也不简单，能同黛玉一来一往且不落下风，着实展现了才华。如果有人问我对《红楼梦》印象最深的是什么？诗是也。读书读到一定境界，唯有诗值得玩味。原来不愿深读的诗句，现在反觉精彩无比。喜欢！欢喜！

（2020.12.10）

第七十七回写到凤姐生病后要配制调经养荣丸，到处找人参找不到，贾府上下只有一些小参次参，有大的也老朽虫蛀了。这一回用了较多文字，反映贾家外强中干之象：一是家底已经被掏空，连凤姐、王夫人、邢夫人、老太太那里都没有存货了；二是贾家有百年老底，但就像老人参一样，已经被虫蛀或老朽，派不上用场了。在这一回，宝钗又一次淡定出场，解了王夫人的难处，不仅把家里的好参拿出来，还说出了不必"珍藏密敛"的话，王夫人连连点头说："这话极是。"宝钗这件事做得特别妥帖，既没有让王夫人感到难堪，也体现了自己的为人和境界，不经意间也"凡尔赛"了自己殷实的家境。可以说，宝钗"步步为营"，越来越让王夫人喜欢。

（2020.12.13）

　　第七十八回又说到贾政与子女们的关系，特别说到他年轻时也是一个"诗酒放诞"之人，只是在孩子们面前才不得已"规入正路"。曹公的高明之处在于，对人对事从不做"非黑即白"的定性，因为一定性，人物马上就僵硬起来，不好腾挪了。这里虽着墨不多，但又一次把贾政形象丰满起来。

（2020.12.18）

　　第七十八回的一个大场景就是宝玉泣泪为晴雯作的《芙蓉女儿诔》。这篇祭文多偏僻生词，却又是《红楼梦》之名篇，不读懂这篇祭文，就不会真正了解宝玉对女孩子的情感。此文也衬托出曹雪芹的文笔功力。看似信马由缰之作，实是宝玉精神、情感不拘之体现，需要细品细读。

（2020.12.20）

　　第八十回觉得文笔断崖式下滑。不比不知道，由前面精致的段落变成了大段大段的文字堆砌，前面曹雪芹讲人情世故，字如珠玑，本回虽也在写人情世故，但变成了婆婆妈妈的絮叨，看着就让人不爽，估计是曹雪芹还没来得及统校吧。

（2020.12.21）

　　第八十三回表现的是夏金桂进入贾家后把家里搞得鸡飞狗跳的段落，这一部分描写又比较精彩，是曹氏的叙事风格和文采，由此想，也不能简单把后四十回一概否定了。

（2020.10.25）

　　第八十四回贾母自道观回来后第二次提到了宝玉的择偶标准，贫富都无所谓，只要脾气好模样周正就好。这一回凤姐第一次改变了把宝玉和黛玉放一块的说法，明确提到了宝玉和金锁之事，表明了"金玉良缘"的态度。虽如此，贾母也只是"笑了一笑"，并没有正式表态，可见也不是十分中意了。

（2021.2.10）

　　第八十五回描写得非常别扭，用字不准确，人物关系混乱，叙事生涩。罢了罢了，越读越觉得前言不搭后语，也难怪后人对后三分之一的质疑。本回又让薛蟠打死了一个人，在第四回已经打死过一个，为什么又要打死一个呢？类似仿前的故事还有几处，编排有炒冷饭之嫌。也可能曹雪芹试图通过两次薛蟠打死人的不同境遇，反衬四大家族由盛转衰的无奈吧。

（2020.11.23）

　　第八十六回又回到了曹公的节奏，描述比较传神，无违和之感。由此认为，没有必要把行文的质量作为把前八十回和后四十回"腰斩"的理由。通读《红楼梦》，应还是一部完整的著作，只是各回目水准参差不齐罢了。罗素说："一本从头至尾光芒四射的小说，几乎可断定不是一部杰作。"此语放在此处太贴切不过。

（2020.11.26）

　　第九十四回与海棠开花不应季有关的两件事：一是元春病逝；二是宝玉失玉。一个是肉体的毁灭，一个是精神的毁灭。贾家的风暴已经来临了。

（2017.6.10）

　　第九十七回是"调包计"大戏。即使宝钗在宝玉、黛玉三角关系中取得了最后胜利，宝钗也高兴不起来。她爱宝玉吗？未必。但每回看到宝玉和黛玉在一起，就会醋从心头起，不愿意他们两个谈恋爱，也不愿意看到黛玉春风得意的样子，只能说是人性的"小心思"吧。宝玉不爱宝钗，这也是确定的，最后两个无缘人走到了一起。贾家为了香火的延续，不让宝玉娶病恹恹的黛玉；为了给生病的宝玉冲喜，娶了没有爱情的宝钗，至此，一出贯穿于全书的感情大戏皆不欢喜地落幕了。

（2021.3.25）

第一百回对紫鹃的归宿交代得不是很明确，一说是去侍奉宝玉，又说归了老太太。《红楼梦》中多处人物和事件出现不一致：有的事情没有交代清楚；有的同一个人却用了不一样的名字；有的人物不了了之。阅读《红楼梦》不能因为这些小节损伤整体，更不能因此得出曹雪芹不是整部作品作者的结论。如后四十回是续书，续书者为什么要犯这种低级错误呢？

（2021.3.27）

第一百零五回赵堂官不知深浅，对贾家大加砍伐。西平王爷老练世故，为贾家留了后路。人走背字时不落井下石，人得意时不攀凰附凤才对。

（2021.3.6）

第一百零七回独说一个包勇救主，让人联想到勇敢的焦大。这一回的大段描述为包勇的忠良立传！不是他冒着生命危险上屋顶与盗贼搏斗，不知贾家还能剩下多少东西？

（2021.3.8）

　　第一百一十回中，能够左右逢源的王熙凤终于感到了无力。曹雪芹在凤姐这个人物上倾注的心血最多，也是人物塑造最成功的一个。从风生水起到孤立无援，完成了一个人由强至弱的完整周期。凤姐作为一个女人，一个女强人，干了许多须眉都干不成的事情，是对传统观念的大颠覆，有很强的象征意味。同时，也因自身的贪婪、自以为是、无所节制，最终让自己走上了不归路。

（2021.3.13）

　　第一百一十回故事跌宕起伏，写得生动。宝玉和宝钗虽有分歧，毕竟已成了夫妻，冰融也是自然的事了。人怎么会一成不变地固守一种观念呢？何况会日久生情。

（2017.6.17）

　　第一百一十六回宝玉幻境悟仙，游历人世一遭，仍未解开人生之谜。看似"了便是好，好便是了"，但也是一种无奈的选择。在人世间，宝玉虽想做个好人，但最终没让一个人满意，怏怏而去。生活不就是如此难以十全十美吗?

（2021.3.18）

第一百一十九回整篇故事开始做结，留下一个还算有些微光的结尾："兰桂齐芳"，这也是被人们诟病较多的结尾，正因为有续书说，这种结尾更加"大逆不道"。总的来看，从宝玉出生到游历一遭离去，是一个故事的闭环。大团圆是中国人的理想状态，从故事创作来看，各有交代也是必然的走向。当一种东西毁灭后，仍"春风吹又生"，野草如此，何况人乎？我们主观地把封建社会同家庭、家族画等号，是一种形而上学的认识，一种现实的不真实。封建社会灭亡了，难道人也灭绝了吗？显然没有。

（2021.3.19）

通观《红楼梦》有两点基本判断：一是后四十回良莠不齐，亦同前八十回各回优劣不同，都有各自的精华和智慧。程高的序也不能简单地理解为书好卖而杜撰，其中也有较多真实成分。我们不能妄自从疑古的角度或个人的好恶出发，武断地认为后四十回不是曹雪芹所写。程高本增补、删改是肯定的，但脉络应该真实；二是曹雪芹未必就要以彻底的悲剧收场。在李纨判词中有贾兰出场，得中高官，李纨享凤冠霞帔，说"兰桂齐芳"也不能说不是曹雪芹的愿望，而这只不过是欢颜中的凄凉罢了。我们习惯于站在今人的立场去塑造曹雪芹的价值和精神世界，可能失之偏颇。并不能说封建社会的局限性会让一个家族永远沉沦，社会发展本身就是一个后浪推前浪的过程。

（2021.3.28）

人生的不同阶段，对《红楼梦》的阅读会有不同的侧重和感受。要想进入曹雪芹亦真亦假的"领地"，唯有幻化成写书人游历一番，才能体会何为"真"，何为"假"。如今，因草写了一段太虚幻境前传，越发理解了曹雪芹隐含的细密心思。进入曹雪芹的精神世界，可知书中的人物影影绰绰存在。曹雪芹为每个人自设了场景，可能张冠李戴，多有臆想成分，但皆有踪迹，脉络尚存，有了此种认识，"假做真时真亦假"也就不难理解了。

（2020.12.20）

至于肯定什么，否定什么，曹公也陷入了两难。入世庸俗，厌倦八股，可经世之学难道就不要了吗？离开了社会，大观园自成一统，终是乌托邦。宝玉的才情和纯真，在复杂的社会现实面前像"美人灯"一样不堪一击。可这个社会就是好的吗？在曹公眼里，市侩、投机、尔虞我诈都是他厌恶的。宝玉作为曹公理想化人格的化身，追求的爱情和自由竟也是纸上谈兵。曹雪芹的困惑体现在《红楼梦》中就是人物性情上的不停摇摆和融合。企图追求一种人格完满，但这种理想又走向毁灭，不光是世俗不容，本身也是桃花源一样的虚设。曹公的无奈和对社会的避世心理，成就了《红楼梦》中贾宝玉逃离现实，出家遁世的结局。

（2021.1.2）

《红楼梦》中使用了很多的场景道具，那么曹雪芹生活的主要地点在北方还是南方呢？金陵可以想象，芭蕉可以想象，但全书的用语和风俗最能暴露本质。从对橡子、杌子、抱厦、滚水、跐脚、筺子、过会、炸供、绞脸等描写，能够看出十足的北方生活特点。可以肯定的是，曹雪芹长期生活在北方，熟悉北方风土，才能熟练使用这些语言。这也是曹雪芹只写到林黛玉从南方来、薛潘去南方做生意，并没有过多描写南方风土人情的缘故吧！

（2019.11.25）

二、关于《海子经典诗全集》

因为正在从事一项诗歌创作，我一口气读完了《海子经典诗全集》。这本诗集收录了所有能找到的海子的诗，包括很多未成形的诗作。我在阅读过程中，随书写下了一些诗句，不是为了与海子共振，只是为了尽可能去接近海子。毕竟我与海子思维方式不同，生活经历不同，点评也未必达意。海子曾让现代诗有了一些明亮的光。好的诗，必是直达读者心海的诗，那些艰涩不知所云的诗，怎么说也没有达到诗的最高阶级，这也可以同样用来点评海子的诗。

（2022.4.19）

之《哭泣》

错乱！你不是海子，你怎么知道他的逻辑！

（2022.3.13）

之《面朝大海，春暖花开》

"面朝大海，春暖花开"，成了人们最希望的样子。了解了这句诗的出处和创作背景，抛却世俗、偏见、虚伪、奸诈，"两小无猜"的简单和快乐竟只能在天尽头才能呈现，感受到了"春暖花开"背后的凉意！

（2022.4.9）

之《山楂树》

我的愚笨还参不透你的禅机！

（2022.4.10）

之《桃花》

如何理解这首奇怪的诗呢。海子被一种恐惧、绝望笼罩，真是"恨别鸟惊心"。通过这首诗，整部诗集都可以盖棺定论！

（2022.4.9）

之《献诗》

"草原、雪山、麦子、胃、黑头发、羊、桃花、空杯子、太平洋、天堂、海水、黑暗、血红、肮脏、绝望…"海子的常用词。

（2022.4.19）

之《马雅可夫斯基自传》

本来很好的一首诗，后半段又不知所云了。

（2022.4.11）

之《两行诗》

在诗的经纬里寻找你的逻辑，看到迷乱和模糊。

（2022.4.18）

之《春天，十个海子》

不是简单地把文字打乱，分出行段就是诗了。至于有人津津乐道说，把一份报纸上的字剪下来，随意组合，也能成为诗，此大谬也。这首诗我个人以为最能代表海子的诗歌水平。海子的一些诗是健康的，是充满活力的。他留下了200多首诗，大多是习作，后人珍惜收藏到一起，难能可贵。当然，也不是首首都是经典，这是必须要谨记的。但这不妨碍我们对海子的敬佩和喜爱，因为通过他能看到诗人无拘无束的灵魂在舞蹈。

（2022.4.9）

三、关于《英华沉浮录》

第一卷

经友人推荐开始阅读董桥的书籍。先是看了《白描》和《旧日红》，好感不多，只是一些陈年旧事，于是跟友人说："董桥先生的作品不值得多看，看多了，容易使人颓废。"

今看了《英华沉浮录》的第一卷，自知判断有误，结论下得过早。向董桥先生说声抱歉，不应该对您的作品过早盖棺论定。这第一卷竟让我一口气读了下来，不时为他的遣词造句功力叫绝，好句子还会与友人分享。特别谈到上海旧时淑女的精致时，竟夸耀说："这足以成为现代文学的几个章节。"即使拍遍栏杆，也想象不出有这么新颖的比喻，文字功底实在是深厚。

今读了第一卷，还要读第二卷，期待更多的精彩。想要为师，必有为师的卓越，想要入胜，必有过人的惊喜，董桥先生做到了。

（2022.1.1）

第二卷

第二卷读下来总感觉，前半部分优雅，后半部分琐碎。读董桥先生的作品，倾心于其间的诗情画意，特别是对我这种遍搜华丽辞藻的"钓鱼人"来说，更喜欢在字里行间寻找董桥先生的绝美文采。也欣赏董桥先生的分析评论，不太"感冒"其家人琐事。如果把一部书写成个人圈子的"你来我往"，显然不会是人人皆感兴趣的好读物，也看不到多少史料价值。试问，你会关心董桥先生去谁家喝过酒吃过茶吗？

说来容易，要求董先生篇篇经典，确也强人所难，每天一篇，365天，换谁都会黔驴技穷，所以就不能怪他莠穗夹杂其间了。

（2022.1.5）

第三卷

个人感觉第三卷要比第二卷好很多。董桥先生一旦离开"家庭琐事",马上就变得可爱起来,话锋富有哲理且妙趣横生,对我而言,则开卷有益。

他谈到社会福利、政治生态、书法鉴赏,谈到香港百态,都有过人的心得,读着真是一种享受!

今年的冬天无论是气温还是人情都十分温暖,心情也因此十足地活泼跳动,你能体会到读书人的情趣和动力吧。在书桌上有董桥先生的《散文记事》,还有天下霸唱的《鬼吹灯》,这一素一荤竟也搭配得非常合理,给生活增添了不少趣味。

作一个读书人是很幸福的。十八世纪英国大文豪塞缪尔·约翰逊的名言,"没有人厌倦伦敦,除非他厌倦生活",我觉得套用在读书上应是,"没有人厌倦读书,除非他厌倦快乐"。

(2022.1.8)

第四卷

翻译贵在通俗易懂,又不失原文意味,过分追求行文格式和华丽的词句,反而会词不达意。本卷展现了董桥先生的文字功底和文化修养,读来只怕漏掉片语,从此开始学习"读文写字"了。

　　中文是风中悠然的风铃,好的文章余音绕梁三日不绝。和董桥先生比较起来,年轻人肯定要出汗了。寻着董先生的目光所及,阅读了《燕知草》《板桥杂记》《生活的艺术》《我的人生哲学》《唐诗百话》等作品。读董桥先生读过的书,估计不会错!

　　修养是累积起来的,燕雀虽是燕雀,但要有鸿鹄之志。一个人的文字水平就是一个人的文化修为,拔高不得。没有好办法,只有多多雅聚,培养雅趣!

(2022.1.12)

第五卷

　　这么一部六卷本的书取舍自是大费心思。本卷又感觉琐碎起来。前半程是"咬文嚼字",特别以老相识行文对照谈古论今,估计连董桥本人也有点烦了。中华文化博大精深,文字千变万化,要搞真切也确实不易。从公文写作再到时下短文,怎会处处皆是上品呢?

　　感谢董先生的选材角度,基本保持了一致性,每篇不过千,还有中心主题,要接受百万读者的挑剔而不坠,确实了得。读来读去,最直观的收获是写文章更有自信,调动文字能力有些许提升。

（2022.1.18）

第六卷

　　岁月转瞬即逝。今天读完了董桥先生《英华沉浮录》。愤也，情也；是也，非也；客观也，主观也都不重要。这本书的价值不在作者，而在于记录了一段历史和人物。如林语堂、胡适、启功、张大千、齐白石、钱钟书、杨绛、俞平伯，还有更遥远的李渔、余怀、张岱、张潮等等。大事小情，人来人往，都是董先生的个人所见，不足为凭。芸芸众生，皆过眼之云烟。

　　一个月的时间，通读了《英华沉浮录》，如说没有激动是不可能的！如果能从书中读到美好、快乐、自得、惬意，不就是满足了读书的第一需求吗？

　　新年的钟声就要敲响了。经历人生的这一特殊时节，透过婆娑的树枝看到万寿山上或明或暗的灯火，感受着生命此起彼伏的驿动。董先生用一两年时间开辟专栏，笔耕不辍，就这件事本身，当致敬之！当然，收获远不止这些。

（2022.1.22）

四、关于莫言系列作品

之《蛙》

以前没有特别关注莫言,因为莫言得了诺贝尔文学奖,身价提高了不少。出于好奇,买了《蛙》阅读。看完后觉得莫言得此奖实至名归。

(2013.2.11)

之《丰乳肥臀》

读完《蛙》以后,才开始读《丰乳肥臀》。都是与女性有关的书,这与莫言潜意识的母爱情结有关。但这本《丰乳肥臀》比较琐碎,感觉立意还是比《蛙》差了一截,思想深度也打了折扣。

(2013.4.6)

之《红高粱家族》

莫言要感谢张艺谋导演,张艺谋通过电影《红高粱》不仅把《红高粱家族》搬上了银幕,还把里面的故事逻辑清晰地呈现出来,这需要很强的删繁就简功力。《红高粱家族》是由各个相对独立的短篇组成,应属于莫言的早期作品。从叙事手法到语言风格都过于流水账,没有体现出应有的文化价值,当然这是与《蛙》相比。

(2015.3.25)

五、关于刘震云系列作品

之《我叫刘跃进》

从《一地鸡毛》《官场》就认识了刘震云。他的作品多关注小人物,实际上是通过小人物的视角,观察世间百态,情节接地气,语言诙谐幽默,这本《我叫刘跃进》也同样是这种风格。正如刘震云所言,他把书中的主人公弄拧巴了。翻过来颠过去的拧巴,每个人都处在一种矛盾焦虑的旋涡之中,一伙人为一点小事情也要相互斗智商,相互使绊,一团乱麻。虽然故事的最后,乱麻被解开,但也是拧巴着解开。在作品里,刘震云试图反映真实的现实,但整个基调拧巴灰色,就像绿树蒙上了灰尘一样。总觉得,一个光明的社会,构成这个社会的主体不应该是这种"拧巴",如果全社会都如此,只能说太"拧巴"了。本想反映社会的"真实",反而越走越远。

(2007.12.27)

之《我不是潘金莲》

刘震云形成了一种"拧巴叫劲"的写作风格,而这本书则把这种风格登峰造极,并通过冯小刚同名电影,拍成了一部对现实主义讽刺的电影。故事来源于生活中的寻常事。讲的是主人公李雪莲为了多生一个孩子,搞了一个拿不上台面的假离婚。她万万没有想到,老公却假戏真做,离婚后又同别人结了婚,原来设计的复婚桥段也无法实现,李雪莲的如意算盘鸡飞蛋打。李雪莲咽不下这口气,要证明离婚是"假离婚",虽看似简单,但要说清楚也不容易,因为离婚过程完全符合法定程序。为了证明离婚是假离婚,她到处上访告状,开始是村一级,解决不了又继续上访到上一级。各级官员每年为了防止她上访,煞费苦心,可李雪莲较上了这个劲,不达目的誓不罢休,最后一次竟闯到了全国人民代表大会上,一时风生水起,上下叫苦。官员们没有想到,针眼大的洞吹出了斗大的风,纷纷被问责。告与不告是个问题,在这种纠结中,李雪莲的老公意外死亡,她没有了告状的对象,一时万念俱灰。20多年,为了告状,青春都搭上了,不仅累出了一身病,还被赵大头引诱"上了身",羞愧难当,竟想在一棵树上吊死,没想到人家承包户不让她死在地里,连死都显得很拧巴、很滑稽。

一个倔强得不服输的女人,阴差阳错被刘震云先生折腾成这样。现实中虽没有李雪莲,但有张雪莲、王雪莲,只能说性格决定命运。

（2012.12.6）

之《温故1942》

　　刘震云先生之所以写这本书，一是同他的出生地有关；二是同他性格中的反思基因有关。严格地说，这部作品在后，由冯小刚导演的同名电影在先，至少我观看、阅读的顺序如此。灾难是真实发生过的，但怎样把这个事件用多个视角反映出来，也不是一件容易的事。刘震云在作品里刻画了面对灾难时的群体画像，有官员、有士兵、有地主、有雇工，一路苍凉。高层统治者的无奈、纠结、矛盾、沮丧；老东家从地主到落魄乞讨的惨状；花枝一家的贫穷潦倒；神父对神的质疑；甚至栓柱、星星的爱也被还原为生活的尴尬，众生百相尽显。刘震云运用天才的语言技巧把一片灰色的天空装扮得真实、丰富且有触摸感。但由于这部作品体裁的局限性，导致电影并没有收到如期的强烈反响，冯小刚铆足了劲想拍一部文化性和商业性都俱佳的作品，但收视率并不尽如人意，可能观众更喜欢《非诚勿扰》《甲方乙方》这类诙谐幽默的作品吧！不过从历史厚重度和人性角度来看，我还是感觉《唐山大地震》和《1942》这类电影更有震撼力，更能引起长久的共鸣和思考。

（2012.12.3）

卷十六
断想

一、南风的挽歌

如果不是董桥先生在《英华沉浮录》里提到《板桥杂记》，估计我也不会去留意这本书。乍一看书名，会有两种联想：一是这书与郑板桥是什么关系？多半会认为是郑板桥的读书笔记吧！实际上跟郑板桥"一毛钱"关系都没有！这里的板桥是指江苏秦淮河的长板桥，是古时的烟花地；二是作者叫余怀，怎么看都不像古人的姓名，特别是一个"怀"字，听着就有现代感，但余怀的的确确是明末清初人，具体生辰大约是1616年—1695年。如果不是《板桥杂记》传世，在历史长河里也就没有余怀其人了，更不可能被400多年后的人记起。

《板桥杂记》是怎么样的一本书？感兴趣的研究者习惯把这本书放在一个宏大的时代背景下来评判，赋予许多"形而上"的内涵，比如有一本研究此书的作者就用一篇名为《风月秦淮视野中的故国情怀》的文章来推介此书，言其表面是记录秦淮往事，实则是对明亡的历史悼念，借古喻今，并且认为既然传世必有高度，有高度才能升华其价值。在阅读本书时，我也曾循着这个思路去寻找对明朝的反思，似也找不到多少对朝代更替的悲切，满眼还是人物的素描和秦淮风月场的写真，我觉得这就够了。他记载的就是秦淮曾经的片段和李香君们的群像，甚或连李香君都没有打头的资格，在余怀那里，第一好的还是秦淮八艳的马湘兰，还有朱斗儿、徐翩翩了。

说《板桥杂记》是"草蛇伏线，灰延千里"，甚至有反清复明之志也有些牵强。纪实就是纪实，小说就是小说，分工不同，都是为作者想要表达的思想服务的。估计余怀也怕别人"上纲上线"，开篇就说，他记录这些情节，只是"盖恐佳人之湮灭不传"而已。曹雪芹在《红楼梦》开头也说，他写《红楼梦》也只是为了防止"闺阁"中的女眷们"泯灭"也。担心泯灭是有点过了，但为这些女子立传则是真的。说得不太恰当，宝玉为了晴雯还写了一篇辞藻华丽的《芙蓉女儿诔》，哪个文人没有这种立此存照的癖好呢？

余怀想要完成的心愿也是出于此，他要为曾经流连过的秦淮风月场立传，一点也不奇怪。在这本奇书中，他分了三个卷本：第一卷为雅游。是对秦淮风月场的布局、规则、场景的描述，后人也随着余怀的笔触窥见了秦淮河川流不息的众生万态。依托于秦淮风月场，这里派生出一系列如食品、服装、游船等配套产业，并且生意也是分外红火；第二卷为丽品。记述了30多位秦淮烟花女子的品貌、文采和归宿，其中不乏对秦淮八艳的描述，还有一些没有经传的风尘女子，可以想见那些温柔似水、通情达理的丽人们如何俘虏了余怀的情怀，留下一段段轰轰烈烈的人生故事。特别是以余怀的标准，他在书中为这些女子分出了善恶、美丑，有侠义有懦弱，或惜或愤或恨皆有。当然，既有丽人，必有流连于此的富家子弟，还有贫困书生。谁能说，余怀没有在这里寻找到属于他的知己和爱情呢？也许有，也许只是逢场作戏罢；第三卷为轶事。是余怀经历或道听途说的趣闻鲜见。虽是挂一漏万，但又多是点睛之笔。

除了这本书的史学价值，我们也充分看到了余怀的文字功力。说实话，30多位女子，把每个人的特征描绘出来，并不是一件容易之事，尤其是在惜字如金的文言时代。但余怀为每位女子的画像绝不雷同，可见其文学修养之高，传世之作自有传世的道理。据说，余怀写此书时，已经落魄，为了出版这本书，他到处"化缘"请人帮忙，近乎乞求。《板桥杂记》是余怀的巅峰之作，也是心血之作，更是思想的归结之作，出版后引起了很大轰动。几百年过眼烟云，仿佛在灯红酒绿之间看到余怀和一拨文人骚客嬉笑于秦淮两岸，粉黛游走其间，沉醉在小桥流水、游廊画舫、饮酒行乐、南曲缭绕、莺歌燕舞之中的放浪形骸！

偶成小诗：

　　落日长烟云天外
　　金陵城里共骋怀
　　得月台上能得月
　　秦淮不见香君来

（2022.7.15）

二、"矫情"的秋雨

伴随秋雨，欣赏秋雨。我说的秋雨，是文章家秋雨，姓余。记得多少年以前，一位朋友送了我一本《文化苦旅》。那时候，看秋雨的书，是一种时尚，是文学青年的时髦装扮。也是从那时起，与秋雨先生结下了难以割舍的书缘。

我不熟悉秋雨先生本人。对他的私人生活更是关注不多，只知道他有一位叫马兰的美丽太太而已。至于人世间的是非恩怨，应该是他作为名人应该承受之重吧。我倒不太欣赏他的一些说辞和解释，因为只会引来无数的围观和起哄，与澄清事实没有多少帮助。作此文不关乎人生风月，只就文说文。

我欣赏秋雨先生的文字，很奇怪为什么同样的遣词造句，同样的三四千常用字，在秋雨先生那里就笔下生花了呢？还"矫情"得那么合情合理，行云流水……我写作时也喜欢文字的活泼和清丽，所以动笔之前，喜欢翻翻秋雨先生的书，接接秋雨先生的"文气"，有时也能灵光一现，写出鲜活的文字来。

秋雨先生是中国文人的一个形象符号：儒雅、博学、善思、独行。如果非要类比，秋雨先生代表南方的"小"文人一派，细腻而精致，是透明玻璃杯中的咖啡。这里的"小"是一种形态，不是指文化深度。秋雨先生俨如温柔的南方水乡，是小桥流水人家。在北方文化主导的文化范式里，他显得更加小众、更加清新、更加小资。

我很关注秋雨先生的作品。如果形式的美让我一见如故、一见钟情的话，他的独立思考和文学见地让我日久生情，像近读他的《寻问中华》就有这种深切的感受。我实际上也不完全赞同他的"标新立异"，比如，在谈到屈原之死时，给屈原附加了许多文化符号，并且说屈原找到了一种自我了结的文化形式，没有比投河更能体现屈原回归自然的本意了。还讲到屈原的死不是悲剧，从文化的角度讲，是一种大景观，死得其所，死得"重如泰山"。尽管西方有学者对死亡也曾有过类似的高论，但我觉得把屈原的痛苦、纠结、无助置之不顾，一味夸大他"死亡"的文化属性，甚至他的死都成了一种优美的曲线、一种文化盛宴，就有点太"风凉"了！

尽管说这些，丝毫掩盖不了我对秋雨先生文采和对文化深刻把握、驾驭的欣赏。我读过秋雨先生在《寻问中华》里关于"离骚"的解读，后又在《何谓文化》中读到了"离骚"全本的翻译，这是我见过的秋雨先生含金量最高的文字，可谓字字瑰丽。他改变了传统翻译家对"离骚"采取的直译形式，采用他最擅长的散文形式，在不破坏原文中心思想的前提下，做了大胆的梳理和升华。毫不夸张地说，这篇优美、流畅、精致、神韵的译文就能让他在古诗词翻译界的地位稳固，甚至不止于此。为更多的人能欣赏到这篇佳作，特将全文摘录于此：

"我是谁？

为何忧伤？

为何孤独?

为何流浪?

我是古代君王高阳氏的后裔,父亲的名字叫伯庸。我出生在寅年寅月庚寅那一天,父亲一看日子很正,就给我取了个好名叫正则,又加了一个字叫灵均。我既然拥有先天的美质,那就要重视后天的修养。于是我披挂了江蓠和香芷,又把秋兰佩结在身上。

日月匆匆留不住,春去秋来不停步。我只见草木凋零,我只怕美人迟暮。何不趁着盛年远离污秽,何不来改一改眼下的规矩?那就骑上骏马向前驰骋吧,我愿意率先开路。

我知道古代圣君总与众芳同在,堂堂尧舜因为走正道而一路畅达,狂乱的桀纣想走捷径而步履窘困。我指九天为证,我平日忙忙碌碌地奔走先后,并不怕自身遭殃,却耽心家国蒙祸。但是,我的好心不被理解,反而遭来了谗言和怨怒。

你不是早就约我在黄昏见面吗,为什么有了改变?我不是早就种下鲜花香草了吗,为什么也散出了异味?众人在比赛贪婪,心底都贮满嫉恨。为此,我只怕直到老年,还来不及修名之身。

朝饮木兰的露水,夕餐秋菊的落英,只要相信内心的美好,又何妨饥饿憔悴?我总是长叹擦泪,哀伤着民生多艰。

虽然从早到晚又被辱骂又被驱赶,我虽九死而未悔。

鹰雀不能合群,方圆不能重叠。我只恨没有看清道路,伫立良久决定返回。我让我的马在兰皋漫步,在椒丘休息,自己却换上了出发前的服装。我像过去一样以荷叶为衣,以芙蓉为裳,戴上高冠,佩上长剑,然后抬起头来观看四荒。我又有了缤纷的佩饰,我又闻到了阵阵芳香。

大姐反复地劝导我:"大禹的父亲过于刚直而死于羽山之野,你如此博学又有修养,为何也要坚持得如此孤傲?人人身边都长满了野草,你为何偏偏洁身自好?民众不可能听你的解说,有谁能体察你的情操?世人都在勾勾搭搭,你为何独独不听劝告?"

大姐啊,我只知道古代圣贤的教导,不可自纵,不可违常。我只知道皇天无私,以德为上。也许真该叹息我生不逢时,采一束蕙草来擦拭眼泪,但眼泪早已把我的衣衫打湿,我把衣衫铺在地上屈膝跪告:我已经知道该走的正道,那就是驾龙乘凤飞上九霄。

清晨从苍梧出发,傍晚就到了昆仑。我想在这神山上稍作停留,抬头一看已经暮色苍茫。太阳啊你慢点走,不要那么急迫地落向西边的崦嵫山。前面的路又长又远,我将上下而求索。

我在天池饮马,又从神木上折下枝条拂动着阳光,暂且在天国自在逍遥。我要让月神作为先驱,让风神跟在后面,然后再去动员神鸟。我令凤凰日夜飞腾,我令云霓一路侍从,整个队伍分分合合,上上下下一片热闹。

终于到了天门,我请天帝的守卫把天门打开,但是,他却倚在门边冷眼相瞧。太阳已经落山,我一边编结着幽兰一边长时间地站立着十分苦恼。你看世事多么浑浊,连最美好的事情也被嫉妒毁掉。

第二天黎明我渡过了神泉,登上高丘拴好马,举头四顾又流泪了:高丘上,我心中的神女没找到。

我急忙从春宫折下一束琼枝,趁鲜花还未凋落,拿着它去世间寻找。我解下佩带托人去找洛神,但她吞吞吐吐又自命不凡,说晚上要到别处去居住,早晨又要到远处去洗发。仗着相貌如此骄傲,整日游逛不懂礼节,我转过头去另作寻找,又看到了美女简狄。我让鸩鸟去说媒,但情况似乎并不好。斑鸠倒是灵巧嘴,但它实在太轻佻。终于找到凤凰去送聘礼,但晚了,那位叫高辛的帝王已比我先到。我心中还有夏朝君王身边那两位姓姚的姑娘,但一想媒人都太笨,事情还是不可靠……

所有的佳人都虚无缥缈,贤明的君主又睡梦颠倒。我的情怀能向谁倾诉,我又怎么忍耐到生命的终了?

我占卜上天:"美美必合,谁不慕之?九州之大,难道只有这里才有佳人？"

卜辞回答："赶紧远逝，别再狐疑。天下何处无芳草，何必总是怀故宇！"

是啊，这里的人们把艾草塞满了腰间，却硬说不能把幽兰佩戴在身上；这里的人们把粪土填满了荷包，却硬说申椒没有芳香。连草木的优劣也分不清，他们又怎么能把美玉欣赏？

年纪未老，依然春光，但我多么害怕杜鹃的鸣叫突然响起，宣告落花时节已到，百草失去芬芳。其实，一切原本无常，我刚刚赞美过的幽兰，也渐渐变成了艾草；我刚刚首肯过的申椒，也越来越变得荒唐。时俗已经变成潮流，谁能保持原有风尚？幽兰、申椒尚且如此，其他花草更是可以想象。唯有我的玉佩还依然高贵，我发现众人都在故意遮盖它的光辉，我担心小人终究要把它损伤。

我决定还是要面对昆仑方向。选好良辰吉日，以琼枝玉屑作为干粮。仍然是凤凰展翅，云霓飞翔，千马奔驰，蛟龙架梁。忽然间我松下缰绳放慢了速度，神思邈邈地想起了奏九歌、跳韶舞的快乐时光。我已经升腾在辉煌的九天，却还在从高处首寻望故乡。连我的仆人也露出悲容，连我的马匹也弯曲着身子不肯走向前方。

唉，罢了！既然国中无人知我，我又何必怀念故乡？

既然不能实行美政，我将奔向彭咸所在的地方！"①

　　阅读完这篇译文后我在想，翻译真的是一门大学问，古今中外因翻译成家立万的人不在少数。为什么翻译会带来这样的成就呢？因为翻译实际上是对原始文本的再造，翻译家要有丰厚的知识储备、顶级的理解能力，还要有过硬的掌控文字的本事。这些方面，秋雨先生显然都具备了，写出好的翻译文章也就顺理成章。

　　秋雨先生如果机缘巧合，能看到我写的只言片语，肯定怪我把他的大成就放低了，怎么能用一篇译作为他盖棺论定。但我说不低，这篇译文就是您的卓越文字功底的体现。

　　我欣赏秋雨先生，当然不止这一处。比如，他对儒道法墨的梳理，是我看到的最清晰、也是最准确的；他对古道西风的深刻解读，也是最令我拍案叫绝的；还有他赋予书法的恬淡气质和寄情山水的偏好，也正好撞到了我的软肋。

　　秋雨先生的风格不是每个人都能欣赏的，他似乎不像北方作家那样大刀阔斧，粗犷奔放，但这就是秋雨先生，这就是他的大作为、大景观。有的人想模仿，又往往给人附庸风雅之嫌，包装痕迹太重反而生出东施效颦的油腻之

---

① 余秋雨.古典今译［M］.北京：作家出版社，2018.

感。越来越多的人希望秋雨先生走到前台来,把他的儒雅、洒脱、书卷气,肆意地挥洒,就像他在青年歌手大奖赛上定格的形象一样。

我是北方人,一位好朋友在毕业留言上说我有"北方人的豪爽,南方人的细腻"。也许正因为如此,我能在秋雨先生美丽的语言中读到更多的风声雨声和人文情怀!

秋雨一点也不矫情。

(2000.6.18)

三、《燕知草》里的"茶味"

《燕知草》是俞平伯先生的散文集。这是一本极薄的小册子,字数约八万字,却成为中国文学史上的精彩之作。连很挑剔的文化大家朱自清都亲自为其作序,周作人为其作跋,可见其分量不一般。这本名著为什么叫"燕知",得于其"而今陌上花开日,应有将雏旧燕知",至于为什么加上一个"草"字,还不为所知。

读俞平伯先生的文章,要放在当时的境况里,才能明白世事和阅历真的能塑造一个人的性格和性情。因为阅历广、学问深,诗文里少了一些矫情和轻狂,多了一些淡然和趣味,以至于我忽然会想到"赵州和尚吃茶去"的禅味,即便是解不出这种禅味,多少也能嗅到一点"茶味"了。

　　首先映入眼帘的还是俞平伯先生的乡情,这种乡情如小桥流水般浸入到骨子里。在西湖泛舟,在桥上偶遇,在路边跟随,看到了隐藏在俞平伯先生心中可爱的天真和美好的记忆。一个卖花的小女孩竟让俞平伯先生多次留目,这就不是一般的情怀,而是一种慈悲心肠,没有一定修养无法培育出这种慈悲心肠。还有为了曾经的记忆,竟跟随车夫,寻找一种过往的乡恋之情。仿佛看到俞平伯先生似躲又希望能被对方感知到的忐忑,这种心理活动也定格了多少少男少女的青春记忆,那时只是为了见上对方一面,竟假装偶遇的情景,你也有过吧?那些借口一看就是借口,可谁愿意说破呢?

　　当然,既是大文学家,能引起感慨的更多的还是他的诗情。随手翻到一篇《西关砖塔塔砖歌》,其中韵脚分别用了"YANG""AN""AI""I",其中"AN"韵,竟有五十行之多,几乎把能用的"AN"音都用光了,这还不算奇,关键是用得合情合理。我认识一个朋友,也有这种本事,行文叙述合理,逻辑严密,朗朗上口,确实是令人刮目和起敬。平时自己也写些小诗,但要精准绝妙地写出宏大的叙事诗,实属不易,还能佳句频出,如"今人怀古发长叹,古人且为今人哀",就有些王羲之《兰亭集序》"世殊事异"的味道了。又比如"渠侬伴我萧斋读,陵谷沧桑第几迁",多少又与李白"今人不见古时月,今月曾经照古人"相通。有时候也在想,俞平伯先生的遣词功夫也需要有人去赏识,否则又成了束之高阁的阳春白雪了。

这本文集,看其成书时间大概在1928年,翻看当时的历史背景,军阀混战、民心涣散、前途未卜,也反映在俞平伯先生的心境上,总浸透出一种"怀旧"的情绪和忧伤。这本文集中不论是散文、诗歌、轶事甚或是自序和附录,都弥漫着这种感觉,看不到俞平伯先生的快乐和兴奋,即便是月圆之夜与友人畅游,也从诸多不顺心的小事读到了一丝百无聊赖之意味和不可排解的一种思愁。那年,俞平伯先生近30岁,是不是因为年龄的跨越而生发出了过多的无可奈何和遥望远方的迷茫无解呢?

通篇阅读,琐碎的伤情又渗透在字里行间。不明白怎就生出这么多的感伤来呢?比如《眠月》,本是赏月的美好雅兴,却被反噬为"日出而作,日落而息"的庄子作派,岂不是与俞平伯先生的性情大不同、大反常,反到极致则有点过于出世或故意反其道而行之,于是乎,读到"究竟当年是怎么一回事,固然一点都说不出,只茫茫然独自凝想而已。想也想不出什么来,只一味空空的茫茫然罢",我们姑且认为这种"发呆"也是一种兴致吧。但脱离了俞平伯先生所在特殊语境,我感觉还是"爱月眠迟"好。月亮真的是大自然奉献给人类最伟大的馈赠,你喜欢赏月,就尽情去欣赏她的美。如果这时也能如俞平伯先生一般看着月亮"发呆",真成了一种不可多得的闲情逸致了。我对月亮有一种难以言表的情感,特别是月圆之夜,是我每年十二次的享受,自然也不希望月圆时节出现阴雨天气。这种对月亮的独爱,似也是源自儿时的美好记忆!小伙伴靠在屋檐下,有一搭无一搭地谈天说地,打闹逗趣,神情专注地看着天空,轻云飘过,月影婆娑,晴好时还能看到月亮上沟壑纵横。那时特别相信嫦娥和玉兔的故事,甚至认为天狗就是能够把月亮吃了,要敲锣打鼓才能把天狗驱赶。时至今日,赏月成了终身的享受,比别人多一份情趣、多一件乐事,也是人生的大福气。

为了与俞先生的《眠月》呼应,特作诗应和:

一轮明月照窗下
江风沓沓动锦纱
烟雨缥缈楼台榭
小清河里有人家

(2022.9.15)

四、巴黎的"真感觉"

踏上巴黎这片既熟悉又陌生的土地,是在1995年的金秋九月，正值树叶变黄，随风摇摆便会散落一地的季节。这种秋色的怅然，裹挟着初上异国的兴奋，竟混合出一种平静的心态。想象中的巴黎应该是奢靡的、浮华的、浪漫的，但真实的巴黎却是朴实的、平淡的，甚至触摸不到一点现代化的痕迹。现实和想象的落差如此之大，失望缀满在雕刻精美的成排建筑上，巴黎真的不过如此？

巴黎有卢浮宫、凡尔赛宫、巴黎圣母院、奥赛博物馆、蓬皮杜艺术中心等诸多名胜古迹和历史文物，决不会徒有其名。静下心来，细细观察巴黎的世俗生活时，就能感受到很多与众不同。

点滴一，巴黎的商店一般在下午七点半关门，而我们国内的大商场一般能坚持到九点或更晚。当地人的解释是，巴黎人非常讲究生来平等，商场的职工也要同其他行业的职工一样享受正常的休息时间，巴黎的服务行业不会为了扩大营业额而拼命延长工作时间。

点滴二，法国本土航班并不全是年轻漂亮、训练有素的乘务员。有一次从巴黎飞到斯特拉斯堡，飞机上的乘务员都已不再年轻，但她们亲切自然，给人宾至如归的感觉。当全球的服务行业都在讲求规范化和标准化的时候，法国本土航空公司却不拘泥于此，反而在自然和舒适上下功夫，也是另辟蹊径之举。

点滴三，巴黎的交通设施已严重老化。巴黎地铁有上百年的历史,车厢里噪声很大,有时车厢门需要人工协助才能打开;火车也比较老旧,车厢的设计不合理,座椅只是普通的绿皮座椅,并且疏于清理,还不知有没有取暖设施。爱丽舍宫也不如想象中的华丽,为了保持原貌,总统接见外宾的一个小广场上竟还铺着原来的碎石子,而没有改成更干净整齐的石板地。参观的时候,对爱丽舍宫的木地板印象很深,因为每走一步,它都会发出很大的吱吱嘎嘎声,真正感觉到了其"悠久的历史"。

点滴四,在与法国人研讨座谈时,有两点印象很深:一是他们的会议室不仅不气派,甚至还十分简陋;二是法国人来参加研讨时也没有陪同人员,基本上都是几个人与我们研讨,座谈完后就走。然后再换其他参与座谈的人进来。法国人比较务实,讲究效率,他们可能认为,"既然不需要陪同,为什么还要耽误陪同的时间",不会顾忌太多场面上的事情。

点滴五,在卢浮宫参观时,奇怪地发现,尽管如蒙娜丽莎、维纳斯等珍品价值连城,但并没有用玻璃罩罩起来,在奥赛博物馆参观时也遇到了同样的情况。这么多名贵的文物没有任何保护措施,"裸露"地展现在人们面前,不安全不说,也会由于参观人数多而造成对作品潜在的损害。当我们把这个问题抛给导游时,她的回答让我们大为感慨。她说:"我们不能因为害怕损害文物,而让人看不到文物本来的面貌。我们的文物是供人们观赏的,而不是只为使它们的存在而保护它们。"这的确使我感受到了观念的差异,当我们在为保护某件文物大花其钱并将其封存在库房里时,法国人认为假如文物因为供人们欣赏而失去了原有的光泽甚至消失,这也是文物的完美归宿。

点滴六,给我印象最深的还是戴高乐国际机场,因为这是大多数外国人踏上法国的第一站。戴高乐国际机场仍保留着初建时的面貌,但已明显感觉它不能适应日益增长的客流需要,特别是从机场到出站口的一条长通道,十分简陋。更让人惊讶的是,机场里竟没有一个商品广告,这多少让人感到不可思议,似乎也与法国发达的商业不协调。但法国人似乎也没有更新改造的意思,或许他们已经把戴高乐机场看成民族标志物,不允许商业的气息污染英雄形象,也不希望它失去原有的模样。

如此种种,还有很多。比如巴黎的交通。在有的国家不断拓宽马路时,巴黎因为受老城所限,并没有跟着拓宽,还是维持着原样,可即使车辆大量增加后,也没有出现过度拥堵的现象。这或许是因为巴黎多是单行道,道路比较狭窄,司机会守规矩地按序前行,还真是应了那句"不怕慢只怕堵"的俗语。由此看来拓宽马路并不是解决交通拥堵的唯一办法。

又比如巴黎人对古建筑保护厥功至伟。政府的决策只要危害到古建筑安全，巴黎人就会"群起而攻之"，甚至专门成立了巴黎的社区保护组织来监督政府和组织的行为。这种自下而上的保护意识，成就了今日巴黎的古建筑胜景。

近观巴黎，现代和落后、奢华和简朴都一目了然，相信不同的人会有不同的感受，也能给人带来不同的启迪。她的别样风采，她的自由和洒脱，虽然会使她失去严谨和规矩，但也会使她收获更为温馨平实的自然之态。巴黎就是巴黎，她不会因为地上有尘土落叶而减少半分魅力。

（1995.10.8）

五、文化的传承和超越

利用春节假期，一口气把钱穆的巨制《中国历代政治得失》读完了。说其是巨制，不是指字数，而是其学术价值。必须说，钱穆是大学问家，用不到十万字篇幅把中国传统文化的精髓都谈到了，特别是对历朝历代的政治、文化、军事高度凝练，讲得明白透彻，关键是提供了研究中国历史的分析视角和方法，这是最紧要的。

中国历史绵长悠久，如果从公元前221年秦朝的建立算起，至今也有2200多年的历史。在历史的长河里，绵延几千年的政治制度如果没有合理的内核，又靠什么传承和发展呢？由此想，朝代的更替，本身就是一次否定和扬弃，继承和修正，否则也就不是历史唯物主义的认识论了。

再推远一些，华夏上下五千年，从大禹治水，经夏商周传承，到秦包举宇内，再到汉文化始成，中国传统政治都在探寻如何在统一集权下汇集民力，保卫疆土和增加财富，历朝历代都在不断努力满足这个社会稳定的"最大公约数"。具体讲：一是要解决生存问题，均贫富具体到当时社会现实，最实在的就是均田地；二是要解决社会治理问题，首要是形成人才选拔的机制，从门阀、世袭到察举贤良，再到科举取士，形成了完备的文官体系，主观上打通了"人人机会平等"的路径。近代，英国虽然在鸦片战争中战胜了清朝，但对科举制度，他们认为是一种可以参考的选拔体系，并依此建立了英国的文官选拔制度。

中国传统政治不仅有完备的制度体系，还有人文关怀的温度，这体现在民众把地方官员称为"父母官"，地方官员推崇"乐之君子，民之父母"的思想。当然，这一方面是腐朽的旧社会官本位思想，但是另一方面，如果细细思量"父母官"这个词，也意味着责任。为官一方，就要对一个地方负全责。中国历史上的清官循吏，如果不是受"父母官"意识潜移默化的影响，很难解释他们的全情投入和舍得性命的付出。统一、公平、责任是中国传统政治制度的三大内核，其中产生的经验和智慧深刻地影响着中国文化和中国社会的进步。

中华民族有强大的文化底蕴，如书法的回锋，武术的刚柔，太极的腾挪，无不暗示着包容进取。不求一时之长短的相融之道，这样的文化底蕴让中华文化有很强的韧性和融合力。儒家是中国传统文化的重要"门面"，但在传承过程也海纳百川，吸纳了释道两家及其他学派的精华。儒家讲有为，佛家谈行善，道家求自然，三者在变化中相融相生，形成了中国从容大气，包容向上的传统文化特征。

在中华传统文化里，忠孝是道德规范的底蕴，中国历史中关于这两个主题有数之不尽且令人心潮澎湃的典故。时代不同，现如今对于忠孝，有不少新的解读和认识，如果静心思考中华文化强调忠孝的核心要义，本质是在于打造家国命运共同体，把个人、家庭、国家紧密地联系在一起。这和西方工业革命后推崇"个人主义至上"有着根本差异。家国情怀是中华民族之锚，中华文化提倡个人要有根，在为家为国的过程中，实现个体生命周期的放大和延展。这种思维潜移默化地让个人以平和从容的心境对待生命，"功成不必在我"每一个个体、每一代人都不能消极旁观，要为家为国做出自己的贡献。

这种思维模式让中国政治实践有了更加长远的"实验"机会，一些传统文化中的优良内核不会因为朝代更替而被废止，甚至不会因为朝代更替停止"实验"。秦汉三公九卿演化到隋唐三省六部，科举南北榜之争催生了"按地取士"，很多制度在反复打磨之中不断完善细节。中国历史有一个非常奇特的现象，洋洋洒洒二十四史，都是"易代修史"。历朝历代的统治者，都把修前朝史作为一件大事来抓，以"以史为鉴，可知兴替"。这让中国的传统政治制度展现出超强的韧性，善于在肯定——否定——再肯定中总结提升，善于在扬弃中辩证地继承发展，实现了螺旋式、波浪式地向前发展。

读钱穆先生的著作，有一个切身感受。历经朝代更替，几经周期轮回，无论改良还是变革，都是对流弊的革除和纠正，为文化不断提供新的血液。也正是在这种发展规律的把握中，使中国传统政治制度充满思辨的魅力。从整体上认识事物，在两难之中把握趋势，在平衡中探求发展，这些道理深刻地反映在中国传统政治制度的设计之中。

比如中央与地方的关系。从建立第一个完整的制度体系开始，就是一个永恒的话题。说到底就是财权和事权的划分问题。在税收一定的情况下，要保持中央有足够的调控力，就需要适当压缩地方财政的空间。相反，如果地方财政过多，相应地会造成中央财政减少，宏观调控能力则会减弱。同样，如果地方上缴税收过多，也有可能造成地方动力不足。所以，中央与地方财权和事权矛盾是历朝历代的一种常态,是一种动态的博弈和再平衡过程。

比如,法治与德治是一个相辅相成的关系,不能相互割裂。当制度过于严厉,就需要增强德治的温度;当国家处于混乱的状态时,又要"乱世用重典"。这实际上是一种寻求平衡的结果,是一种否定之否定的过程,其力度的强弱也是跟随现实发展需要而完善,最佳的效果是两者的相互和谐促进。由此我们看待中国传统政治制度也应该在糟粕背后看到合理的部分。钱穆先生说:"制度是一种随时而适应的,不能推之四海而皆准,譬如其不能行之百世而无弊。"这是历史的态度。

中国传统政治制度的变迁由动到静,是社会矛盾运动达到平衡(或暂时平衡)的博弈结果。在中国传统制度中,皇权和相权的制衡与和谐,从相国到三公九卿,再到三省六部,中国传统政治制度一直在探索分工的"黄金分割点"。与之相应,监察制度也随权力分工之变而变。汉唐盛世,分工合理,监督有力,中央集权统治就有力。两宋以后,分工日益复杂,清朝后期监察也就流于形式,政治机构的"虚胖",是因为堆积了大量的"政治脂肪",中央行政效率大降,地方权力失去控制,江河也就逐渐日下了。

选人用人的度也不容易把握。推举孝子廉吏,本也无可厚非,但把此推广到极端,如人才必须从"卧冰求鲤"

中产生，又有些过于迂腐。还有科举制。唐朝经济发达，选人用人侧重于文化修养，讲求诗词歌赋，讲求格律，从文化修为要求看似也没有大错，但会写诗作赋不一定是好官，所以到了宋朝科举又转向了经世致用之学，四书五经成为必修课，"半部论语治天下"，且不说是否真的能经世，只其评价的主观性就为选人用人增强了随意性和弹性，其标准的不统一又成为一个大问题。到明代又走向了另一个极端，就是常说的"申论"，"申论"也要遵循一定的格式，并且对形式的要求严于内容，致使考试进入了"八股"的死胡同，不得不发出"不拘一格降人才"的呐喊。

深读钱穆《中国历代政治得失》，感受了在精练的文字背后，中华文化的生生不息，历史就是在这种不停否定中完成了升华和超越。同时也感觉，由于思考问题的角度不同，钱先生在大的历史视角下还缺乏一些更加深远的历史观，书中选材够宏大，时间够久远，只需立意再高远一些，其价值也会更大。

中国传统政治制度，因为经历了百转千回的锤炼，体现出了传统文脉中的政治智慧和对人性的思索。实事求是，尊重历史，辩证继承，举一反三，或许我们会从中国传统政治制度演变中得到更多启发，获得更多动力。

（2017.3.16）

六、维鹊有巢

人有灵性，飞禽亦然，甚至比人更甚。人要买房，飞禽同样要筑巢。观飞禽筑巢之辛苦，之执着，早有为其立传的心思了。乡村也好，城市也罢，社会在飞速地发展变化，而飞禽的筑巢习性似没有因为这种变化而产生多少改变。

飞禽筑巢招数各不同，不敢说谁技艺高，谁技艺低，就像人类不能因为吃大蒜或喝咖啡分出品位高低一样。大概地说，飞禽筑巢的目的很简单很单纯，就是为了生儿育女。至于说到不同的飞禽筑巢形式迥异，只能问这些飞禽的祖先："为什么进化出这么大不同呢？"必须承认的是，不同的飞禽有不同的筑巢方式，麻雀就是麻雀，燕子就是燕子，喜鹊就是喜鹊，不仅鸟巢形态各异，而且"修养"差别也挺大。

先说说麻雀的巢，有的麻雀把巢筑在树洞里，有的麻雀把巢筑在石缝里，当然，也有把巢筑在屋檐下的。麻雀因为身形小，也不讲究鸟巢的大小，选了合适安全的"住所"后，会衔一些柴草，再叼一些羽毛，一般也不会铺太厚，只要保证蛋下在上面，不掉下去或碰碎就行。麻雀也会像其它"高贵"的鸟一样完成孕育生命的整个过程，下蛋、孵化、破壳、喂养，什么时候小麻雀能够离巢飞走，这个孕育过程才算完成。至于以后还会不会相见，还会不会相认，在面临那么多生死考验，甚或在生育期都时刻面对死亡，三五年已算是长寿的麻雀们来说，似乎没那么重要，也无暇顾忌吧。麻雀虽然弱小，但也有动物的本能，如有入侵者靠近鸟巢，它们会用吱吱喳喳的叫声来自卫并反击。

下面要说说燕子了。单从筑巢技巧上说，燕子明显比麻雀技高一筹。根据习性，燕子也可以分为两种：一种叫巧燕，顾名思义，比较灵巧讲究；另一种叫丑燕，并不是长得不好看，只是从筑巢的复杂性和生活习性上与巧燕不同而已。从筑巢讲起，巧燕的巢做得比较长，有20厘米左右。同巧燕不同，丑燕的巢浅很多，一般就刚出房梁，也省事不少。再说到对粪便的处理。巧燕在生育过程中，会把小燕子的粪便衔出巢，扔到室外去，包括没生育前也从不把粪便直接拉在巢里或室内。而丑燕就没有这么多讲究，成年丑燕也好，小丑燕也好，都是直接一撅屁股把鸟屎拉在巢外了事，地面上往往会有好多鸟屎，这也是许多人家不愿意让它们居住的原因之一。而让不让丑燕在自己家筑巢，就看房屋主人的心性了，能让燕子在自己家里"生儿育女"，必是良善之家，否则怎么会让脏兮兮的燕子进到自家屋里来呢？

过去房屋或楼宇是有梁和椽子的屋顶，燕子会把巢搭在椽子的空档里，也有燕子把巢筑在墙角。人们为了方便燕子进出觅食，还会在门框上的窗口留洞。现在的屋顶都改成了预制板材，不会再使用原始的梁椽结构了，不知道这些燕子们都去什么地方筑巢了，也从来没有见过燕子在树上做巢，谜了。燕子啊，你和人相处得有多少缘分才行。

众所周知，燕子筑巢都是一口一口衔泥筑成，生活在海边的燕子则更加"高级"，是叼海里的小鱼小虾筑巢。据说这种用小鱼小虾混合唾液而成的巢营养价值极高，所以燕窝会被采巢人采去卖钱。有良心的采巢人通常会采第一拨燕窝，采完后，燕子生育心切，还会再筑一个巢，这时采巢人明白不能再采第二个了，否则会把燕子累死。它们都是含着血搭建的巢，耗尽了平生的气力。相比海燕，内陆的燕子巢是用泥做的，自少了被采食的危险。

接下来要对喜鹊进行诗一样的赞美了。住的楼前恰有一对"喜鹊夫妇"在窗前的这棵杨树上筑巢，有幸近距离目睹了它们筑巢的全过程。有感于两位"新人"的勤奋和对它们的敬意，记录下了这个艰难而美好的筑巢过程。

喜鹊筑巢分三个阶段。第一阶段要选择一棵适合筑巢的树。这棵树要高，要远离道路，实在没有办法，路边的高树也行。最关键是这棵树必须要有分成三叉的枝干，否则没有办法固定鸟巢。窗前这棵杨树上鸟巢的高度按每层楼3米高计算，应该在15米以上，且这棵树所在位置，很少有人进入，真是一个天然的好位置。

选好位置之后，就进入了第二阶段，要用上千根树枝筑巢。真不明白它们为什么要自找苦吃，花这么大力气叼树枝筑巢呢，随便在楼顶上找个地方筑巢都比这样省力。放树枝时放第一根很重要，不管筑多么大的巢，总要把第一根放上去，就像一个房屋的大梁。那它们是怎么放上第一根的呢？遗憾的是没有留意到，之后就是漫长的筑巢过程了。筑巢是这对喜鹊最为辛苦的体力活。从春节到三月中旬，估计花了一个半月时间。它们会到处去找适合的树枝，目测每根树枝有一尺左右，粗细大致均匀，跟筷子差不多。太细太软撑不起巢来；太粗了，它们也叼不上去。试想，这个动作都是用喙来完成的，用喙叼着一根树枝跃上15米的枝头，绝不是一件容易的事，眼见的是，它们会先飞到旁边的树杈上，休息一下调整好方向才能完成把树枝放上去的动作，而这种动作要重复上千次。这棵树下已经有一层掉下来的树枝，由此可知这种放置过程未必次次能成。想想他们不辞辛苦把树枝叼过来，又掉下去，是多么不愉快的一件事啊。

　　筑巢需要的树枝，它们又是从哪里找到的呢？除了把树枝折断这一种笨办法，还有一种聪明办法，就是去拆废弃的旧喜鹊巢，如果不是亲眼所见，谁会想到它们会如此做呢。离它们"新家"不远，是一个废弃的旧喜鹊巢，看到它们俩已经把这个旧巢拆得所剩无几了，也是纳闷，想既然这个巢已经废弃，它们"鸠占鹊巢"多省事呀！可能这对"新婚夫妇"未必这样想，要迎接新生命的诞生，必须是新筑的巢，或许这也是它们的习性使然吧。这次还好，有废弃的旧喜鹊巢的树枝可用，如果没有废弃的旧喜鹊巢，它们就只能就地取材。有一次，看到一个鸟巢，竟是用工地上的铁丝做成，不得不佩服感叹。

在筑巢上，喜鹊真是完美的"建筑师"。它们的鸟巢可以经历风吹雨打、风霜雪月、电闪雷鸣的考验，相比人类的建筑，又是图纸又是勘察又是监工，最后说不定还造出个豆腐渣工程呢！喜鹊巢可以在那么恶劣的环境里几年不散架，多么不可思议。亲眼看到一棵要栽种的银杏树从几十公里外拉过来，树杈上的鸟巢竟没有散掉，真是神奇。如果仅此，还只能说它们是称职的"建筑师"，谈不上完美。喜鹊的"聪明"之处在于，它们的巢搭得很有学问，为了保暖和避风，会把巢做得南低北高，还会在鸟巢的上面进行加固、围挡，只留下进出的小口，叹为观止。

第三阶段是对鸟巢进行"精装修"。待主体工程完成以后，就进入了收尾阶段。它们俩不知从哪里衔来软草、羽毛等物，把巢铺得软软的，这个过程也不会短，直到生育为止喜鹊都在忙碌着把巢做得越舒适越好。待一切就绪，我们可以看到两只喜鹊坚硬的喙因为叼树枝而留下了的那一道不可恢复的槽痕。有感于此，浮想联翩，它们两个是如何决定在哪里筑巢呢？在筑巢过程中会有矛盾吗？会相互抱怨吗？当好不容易从遥远的地方衔来一根适合的树枝，没有放好掉了下去，它们会气恼吗？叼着一根树枝到巢里，可怎么也插不进去，它们会烦躁吗？万一在建"新家"过程中，一方遭遇不幸，另一方还会继续筑巢吗？明年它们还会共享再一次的"幸福生活"吗？

庄子说，你不是鱼，你怎么知道鱼快乐不快乐呢？也是，我不是喜鹊，我怎么能知道喜鹊们在想什么呢？

七、绘画演变的逻辑

近年来，中式绘画与西式绘画在绘画技法上相互借鉴的趋势越来越明显。大体上说，西式画法由具象到抽象和写意，以毕加索和莫奈为甚；中式画法从写意和抽象到写实和具象，以冷军等为甚（可能还难以代表），这种趋势确实值得深入研究。客观地说，写实好或是写意好，或者是哪个方向更正确，似也难以下结论，姑且算是画家们不甘俗套、创新发展的产物吧。西方画家们画惯了分毫毕显的写实作品，转向写意发展，是一种自我超越；国内的画家们把国画写意到了极致，转向了写实，也是一条探索创新的路径。事实正是如此，在国内一批以写真、写实为追求的画家,也得到了业界的认可,所以不能简单地判定写实、写意孰优孰劣。不管如何演进,有一条是最基础的,即写实是一种基本功。如果连基本的技巧都没有掌握,写意也就容易浮夸和肤浅。就如同中国书法,从隶楷篆到行书狂草,也必须以临摹隶楷为基本功,否则所谓的狂草也就没有章法,成胡写瞎画了。

阅读《中国绘画史》同样感受到这种深刻的变化和升华。这本传世之作出自陈师曾先生之手,陈先生是中国近代著名美术家,梁启超对其评价颇高"师曾之死,其影响于中国艺术界者,殆甚于日本之大地震。"读完此书,觉得此评价当不为过。前段时间学习研究罗素《哲学简史》,亦有同样的感觉。《哲学简史》夹叙夹议,在记录西方哲学史的同时阐发了对西方哲学的独立思考,成为不可多得的史学大作。像上述这些著作虽不如修史那般严谨和规范,但言之准确、评价客观,定是其价值的根本体现。由此想,写书能流传并被人敬仰,更绝非易事了。

陈师曾先生的《中国绘画史》在中国绘画界的地位举足轻重。书中清晰地勾勒出了中国绘画脉络,全景式地描绘了从三代至明清跨越几千年的绘画历史,梳理了中国绘画的基本脉络、画派传承、基本技法、画家师承等,涉及事件之广、人物之多都是之前出版的绘画史所难比拟的。切身感受是,中国绘画并没有完全固定的样式,其随着时代的变迁或刚或柔、或明或暗、或重或浅，而社会风尚、主流文化则同这种变化和追求密切相关。你虽未必赞同作者把绘画作上古、中古、近世的分类，但不必担忧，这种分期没有割断已存在的相互联系。上古记录的伏羲画卦、仓颉造字始，经过三代、春秋战国、秦国一统到汉代绘画的艺术成就；中古则从唐朝始，开创了中国绘画的新气象，兼收并蓄、雍容华贵、大气洒脱、尽显大唐气派，以至在宋代又形成一派新的南风，委婉动人，轻软闲淡；近世则发端于明代，历开元、天宝盛世，不仅传承了唐、宋的绘画精华，还把窑业也推上了中国文化艺术的巅峰，形成了宣德、成化等特点鲜明的瓷器技艺，以至清代经过康乾盛世的锤炼，使得中国绘画艺术基本定形，进入了"休养生息"的新纪元。唐、明、清历时两个三百年、一个二百五十年。每个阶段都同政治经济气候密切相关，共同经历了由初创到鼎盛再到衰败的周期循环，让人感叹朝代兴则绘画兴的同步变奏。

读此书，还有一个特别感受，就是中国绘画源远流长，各领风骚几十载，耳熟能详的竟是少数，因此陈师曾先生为中国绘画史上的重要人物，抑或是不太知名的人物都立此存照，为中华文明的传承提供了重要史料和人文坐标，这是中国绘画发展的人文基础。陈师曾先生毫不吝啬自己的赞美之笔，为绘画独特的语言体系提供了大量的可以拿来就用的"金句"，如"笔迹劲细、用色精密""行笔极秀润，缜密而有韵度""妍丽工致""雅秀绝伦、博兴群籍""宏肆奇崛、内蕴秀丽""行笔疏爽"等都是上乘用词，可为后人效仿。

当然，要编写中国绘画史，只停留在为史复述的层面，究竟是浅显了一些，也不可能流传如此之广、地位如此之高了。本书用较大篇幅介绍的绘画大家的绘画心得，则是更为紧要的内容。如"繁不可重、密不可窒"与我们常讲的"密不透风、疏可走马"相致；又如"皴擦不可多""青绿，休要严重""蚕头鼠尾描"等十几种技法都是不可多得的绘画技巧，读后恍然大悟。此种技法的准误，也成为后人学习乃至辨别作品真伪的重要尺度了。

书画传承大浪淘沙，贵在创新。不发展，即使临摹得再逼真，也是别人"嚼过的馍"，缺乏创作主见，虽能传世，但也不得不标注出临摹、仿照的字样。中国绘画史就是在前人基础上不断创新的历史，一些大画家完成了这种传承。比如清代大画家董其昌在评价文征明的作品时，所表现出的创新自信让人过目不忘，他谈到，"文太史的作品具体雅致，我的作品则古雅秀润，在此方面更胜一筹"。此言不为虚，对比两人的作品也是实情了。

由此想，绘画的临摹、仿效学习是必须的，对书法来说更是如此。但临摹、仿效只是基础，是基本功，只临不创不奇，只能是一名技艺高超的匠人，难以成为独树一帜的大师和形成自己的艺术风格。有些人虽临摹、仿效得很好，但当他要创作、创新时，反而大有邯郸学步、抛精选莠之嫌。能学则学，不能学则别学，并不是每每开卷都有益，一定要选准适合自己风格的名家大师，这样才能增技艺，而不失个性。说到写字，个人感觉，首一位的还是要有汉字的美感，要有基本的审美标准，大家闺秀或小家碧玉皆可，但万不可成为裹脚老太太，这又涉及到一个人的文化修养，不是一朝一夕之事。书法忌讳过于表现技巧，搞得不好，就成了雕虫小技。有一位书法家朋友，在介绍自己作品时，竟"凡尔赛"地说："他是用高端酒调制的墨汁。"让人忍俊不禁。另外，书法有基本规范，要有舒服的间架结构，有的书法家自身基本功欠缺，就把自己的作品定为"丑书""童体"，那就贻笑大方。我赞成的学习书法的思路是，有一个基本的书写规范，再形成自己的书写风格，加上日积月累的力道，还有静气和闲暇，就离成为一名拿得出手的书法家不远了。

八、"国学"的一点浅想

"国学"的概念很宽泛，中国传统文化大多都可以纳入其间。国人都对"国学"有约定俗成的概念，比如"四书五经"。但要说清楚"国学"是什么？传统文化又是什么？

又似乎不能一言概之，这也是学习"国学"的难度。现在有一种倾向，就是把"国学"往直白、通俗上讲，讲来讲去，越讲越庸俗，越讲越追求技巧和形式，把"国学"搞成了清淡寡味的"白开水"和"长袍马褂"式的表演，显得与现实越来越不合拍。总感觉多了许多形式，甚至把"国学"当成了一门赚钱的手艺。怎么看怎么觉得所谓的"国学"普及只是表面上的热闹，还有很大的改进空间。

怎么理解"国学"？我觉得还是按照习近平总书记讲的三层意思，即文化的、传统的、优秀的来进行定位。所谓文化的，就是一种道德修养，一种精神气质，而不是技和术；所谓传统的，就是中华民族上下五千年传承和积累的"老物件"，而不是舶来品；所谓优秀的，就是民族文化的精华，而不是糟粕的、落后的。由此想，要理解作为"国学"重要内核的中华优秀传统文化，不妨从文化的共性入手。

中国传统文化的深厚底蕴从中华民族做人的道理和精神追求上可以体会到，这种文化基因传承才是根本和基础。比如，我们常讲"仁义礼智信""温良恭俭让"这些精神气质，不管时代如何变化，国人的骨子里还是会深存着这些文化基因，当然也需要与时俱进地进行升华、进取和提高。

在新时代，我们要从中国传统文化中吸取更多的营养，此对不同的人群又有不同的要求。国家工作人员要"修身齐家治国平天下"，要"先天下之忧而忧，后天下之乐而乐"，要"当官不为民做主，不如回家卖白薯"；知识分子要"安能摧眉折腰事权贵，使我不得开心颜"，要"宁可饿死，也决不吃舶来之食"；军人要"人生自古谁无死，留取丹心照汗青"，要"精忠报国"。这些文化基因是中国传统文化的重要组成部分，蕴藏于家国情怀和英雄情怀之中。

如此说来，对传统文化要取其精华，而不是停留在表面。我们讲中国的传统礼仪，绝不是简单地把"三拜九叩"照葫芦画瓢的简单模仿。比如，中国传统的孝经里讲，"父母在，不远行"，虽身在外地，但工作干出成绩，为国家建功立业，让父母高兴也是一种行孝的形式。从另一方面讲，如果工作脱得开身，"常回家看看"也是做儿女的本分。孝在新时代有新的形式，重要的是继承孝的精神，而不是简单的"守孝三载"。

如何使我们的"国学"有朝气和活力？

一是要知行合一。不能嘴上一套，行动上又另搞一套。特别是我们的国学大师们，要做行动的楷模和行为的典范。有个别人到处去讲助人为乐，但凡遇到事情，却先替自己打算，多一事不如少一事，又怎么能算身体力行呢？还有个别人台上口若悬河，台下猥琐狭隘，这样的大师名气再大，又有什么意义和示范效应。

二是要提炼升华。中华文化博大精深，要做好归纳提炼工作。怎么提炼，我觉得关键还是从修好"四德"入手，即社会公德、家庭美德、个人品德、职业道德。如果我们的大师们与时俱进把这"四德"总结好了，普及好了，就不愧为"国学大师"。否则还是脚踏实地，放低姿态，先笃行之为好。

三是要中西合璧。要博采东西方之长，不能为了说明我们文化的优越，就反证其他文化的不优越。这不是中华文化"兼收并蓄"的包容态度，要善于吸收一切文明成果，为我所用，才能强健民族文化的肌体，推动全人类文化的进步。

(2011.6.19)

九、快餐式文字

博客刚出现的时候，趋之若鹜，人人有博客，仿佛博客是时尚的代名词，见面的第一句话都成了"有没有开博"。不知哪一天起，大家觉得太费事了，没有时间去写去看那么多文字，就发明了微博，实际上还是博客，只不过有字数限制而已。一时间，全民又开始"微博"了。

朋友之间总爱说"看我的微博"，以前以为是多么神奇的软件，其实就是你一言我一语地交流。但是跟信息等传统的交流方式不同，发"微"以后，越多的人跟帖，证明你的微博关注度越高。演艺圈的人特别喜欢发微博，因为可以引来无数的围观者从而增加自己曝光率。甚至有一批"粉丝"专门守在他们的微博旁边，专等他们发布微博。文艺界人士也乐此不疲，过一段时间发布一个信息或一张照片，说错了，闹大了，不行就删掉，但影响已经造成，目的已经达到。我觉得微博是专给文艺界人士开设的。你说，一个平民百姓每天的所思所想，跟其他人有关系吗？所以发的微博也只能自说自话，自我欣赏。

微博大行其道，肯定"存在即合理"，大思想家都说过了。语言是大众文化，老百姓最喜欢通俗的叙事，不需要太多的思想内涵。微博就是这样一种语言交流工具。什么语言的美感和艺术，什么遣词造句和合辙押韵，都不用过多地考虑。每个人都可以在网上用一两句话表达思想，甚或晒出一两句"名言警句"，也不知是自己突发奇想，还是"天下文章一大抄"，反正怎么有"哲理"就怎么说。我就见一小学生在他的微博里写："月亮是为太阳而生的，因为光没有物体的反射，就不会发现自己有多亮。"还有一个刚上初一的女同学在她的微博里发了一条关于她喜欢的男同学的微博，你说喜欢就命名可以找那位男同学私下聊，为什么要发在微博里让每个人都知道呢？结果刚开学不到一个月，大家都知道她喜欢那个男同学，搞得抬不起头来。

随着微博等交流软件的广泛应用，越来越觉得在日常交流中语言是否规范没有那么重要了，甚至把"你怎么了"说成"你肿么了"，也不会产生歧义。当然，如果把这种匪夷所思的表达用在考试中，那非"抓瞎"不可！甚至觉得他们交流时打"一串拼音"，也照样可以无障碍交流。如果一个现代人没有学会这些"网络用语"，算不算落伍了呢？

最近去湖南旅游，登上了岳阳楼，看着那篇名扬天下的《岳阳楼记》，真不知放到现在，该如何遣词造句呢？电视上一名记者问一位老农，"你幸福吗"？老农回答，"我姓曾"。无意中竟说出了这么一句"好玩的话语"，一时间街头巷尾皆知，人们竟也觉得乐趣无穷。据说，有商家还请这个老农代言"幸福"牌面粉呢！

现在发微博的人也越来越少，"朋友圈"越做越大，能在"朋友圈"里随时发出的感想，为什么还要费事上微博呢？时代真的变化太快！

（2005.3.27）

十、光景开始的地方

2013年，有幸在南方工作生活一段时间，开启了人生中的新旅程。

初次踏上这个文化底蕴深厚的城市，新奇感和探究的欲望油然而生，心情也变得鲜亮和轻盈。临时安排住在一栋宾馆里，难得细细品味一下窗外的布局，看一眼别样的好景致。那是一个不大的庭院，不过百平米。左侧是一个水池，几口大缸放其间，似故意把缸的口沿敲开一个口子，歪歪斜斜地摆在水里，水懒懒散散地流出，竟也成了不错的装饰。右侧是一条不长的回廊，既有装饰作用，也是楼宇之间的通道。左右结合在一起，就有了很强的平衡感，体现了南方园林的精致。

院子的中间，有几棵高矮错落的树。靠近我窗户的一棵枝繁叶茂，我认定是一棵高大的栀子树，它摆动着优雅的枝条，淡淡的小白花清香无比，有多少浪漫的情愫正在它的枝头孕育啊。离我稍远的一棵树树形高大，树干呈奶白色，树叶落尽，这本是北方冬季很普通的景象，在满眼翠绿的南方却显得如此扎眼。正值春寒料峭时节，与那些没有经过花开花落的植物们比起来，这棵没有树叶的植物，或许蕴含着更丰富的情感，更加养精蓄锐等待着勃发吧！不是吗？你看它伟岸的躯体里已经有了含苞待放的冲动。

今天窗外飘着窸窸窣窣的雨，正是欣赏南方景致的好时节。朦胧的春雨，轻轻地落在栀子树上，随雨而飘的花瓣是那么的轻盈。

南方的雨天，连小草都含情脉脉，享受着雨露的恩赐。小小的水珠压在弯弯的草尖上，缓缓落下，尽显婀娜。不能再浪费这大好时光,不能再犹豫发呆,连眨眼都显得多余了。

我打点行装,撑起雨伞,加入了赏雨的队伍里。

(2013.3.15)

十一、别了,那一泓清泉

今年的夏天,热来得迟些。到了晚上,仍会有习习凉风轻飘屋内,带来心旷神怡的感觉。

在这样一个恬淡宜人的季节,我来到了云南,这块心之向往的云之谷。不为畅游美丽多情的西双版纳,也不是为寻找神秘浪漫的香格里拉,我要找寻的只是一块属于我的净土——一泓清泉。它像佛语中的明净之台,心灵的自由地,一尘不染的洁白之所,存在于心之向往的地方。恍惚间,它又像是具象的存在,藏在密林深处,隐于千沟万壑之间。明眼人看得出,它不应是世间物,它的冰清玉洁,人世间谁又能配得上?

我有幸走进了那片神圣之地,似也不是魂牵梦绕的心灵归处,失去了想象中的真情趣。还是应了那句话,自然界鬼斧神工虽然厉害,但抵不过人内心世界的无限想象。

那一泓沁人心脾的清泉,在不经意间似乎触摸得到。它是热情的、无私的、活泼的,浑然天成。一阵狂喜中,忘却了时间，忘却了烦恼，忘记了轮回，竟想一头扎进那深深的泉里，拼命地汲吸，死死地把味，这种激动把我的心情推上了九霄云天，不肯轻易地下来。但梦瞬间又被现实拉了回来，这哪里是要我寻找的那一泓清泉，分明是任何人都可以涉猎的场所，一定是渴望奇迹的心理蒙蔽了我的双眼，竟不知深浅地趟进了那条承载万物的河流。

　　常言，"君子之交淡如水"。也许人际交往就应该这样，没有喜怒哀乐，没有风起云涌，只享受平静如水的交往，这样才能不被搅动心灵。但现实却难以做到，因为不能舍弃真实感受，悲时则悲，喜时则喜。遇到知己，千杯嫌少；遇到厌烦，半句嫌多。这种性情不伟大，也不会与渺小为伍。

　　世间是有许多机缘的。正所谓"桃李不言，下自成蹊"。面面相对，嘘寒问暖，却词不达意、南辕北辙，不愿为对方付出分毫；遥遥千里，未谋一面，却也能肝胆相照，推心置腹，甘愿去为一段缥缈的往事寻找一处归宿。现实中许许多多的可爱之事，难以把握，怎么又能去抓住那些梦幻的虚妄呢？但仍有那么多人参不透其中的玄机，怀着各种心思一头扎了进来，似乎看到了一束希望的光。那也是像蚊子迷恋盛满毒药的糖罐，只因为守着一个致命的诺言。我们本有能力避开这种危险，但却在掩耳盗铃般地故意麻醉自己，把本不可能的、本不可为的东西硬想象为一种光荣的追逐，整个身心都投了进去，是不是比没有灵性的动物更加愚蠢和不理性。

人和人之间要在心灵上架起一座桥梁，可以畅通无阻地行走驰骋。失意时需要有人排解心中的烦闷；得意时需要有人分享其中的快乐。男性也好，女性也罢，都需要这种心灵的沟通和慰藉。相比较而言，男性更加直接，女性比较含蓄。但又不尽然，有些女性慷慨大方、性情直率，能把自己的愿望一股脑倒出来，让你不接受都不行；而又有些女性，心有千千结，看似乖巧和善，却被无欲无求的假象所包裹，看不到原有的本色。在幻象的背后，再也没有单纯的心境去为一段机缘赴汤蹈火。所以，要寻找那一泓清泉，并不是一件容易的事。

那一泓清泉，尽管遥远，但我执着……

（1986.6.16）

十二、诗，灵魂的舞蹈

诗歌伴随人类击缶而歌同行，与文字并驾齐驱。我国古体诗已经达到无人能及的高度，随着社会的开放和进步，现代诗也呈现出旺盛蓬勃的气象，反映了我国社会和经济发展快速所带来的文学的活跃。

诗歌是一个时代的印记和标识，其根植于历史的大脉动之中。脱离了时代背景的诗歌创作，必定是缺乏生机活力的，也会导致诗歌变成无病呻吟和隔靴搔痒。在伟大的新时代，诗歌创作呈现出多样化的状态，反映了社会的包容、创作生态的自然和书写者的意气风发。我曾在《诗魂》中这样讴歌了诗歌的地位和创作的土壤。

诗魂

人生的全部秘密
浓缩在淬炼的诗行里
诗的高度，文化的高度
当诗进入你的脑际
足够了，爱，即便仇
寻觅，诉说和记忆
在这个思维空间里
江河孕育积淀的文明
高雅高贵高级起来
包括空间，包括时间
包括伟大的作品

没有诗的国度

终究缺乏灿烂的色彩
诗歌，最高的段位
进入了你的叙事
笔尖能流淌出
升华的精神和气质
无关冷暖，无关贫富
唯有响彻空中的诗行
拥有诗，一切站立
沉浸于春夏秋冬中
以诗的名义前行

　　诗性是诗歌爱好者自带的创作气质和心灵深处的热切冲动。诗集里的一首首诗看似信手拈来，实则是创作者思维灵感的酝酿和集中爆发。脱离生活体验的冥思苦想，终究干瘪且缺乏灵气。我以为，诗歌是文字最为闪光的表现形式，展现的是作者丰富的创作情感和文化积淀，无论采取何种方式，都是作者某一时间节点的灵感体现。诗人雪莱在《诗辩》中借对培根著作的敬慕从而对诗歌进行了著名的阐发，"培根勋爵是一位诗人，他的语言有一种甜美与庄严的节奏，这满足我们的感官，正如他的哲理中近乎超人的智慧满足我们的智力那样；他的文章的调子，波澜壮阔，冲击你心灵的局限，带着你的心一齐倾泻，涌向它永远与之共鸣的宇宙万象",这才是诗歌该有的地位,我在《面前的诗》中把自己的创作心路和生命感怀表白了出来。

面前的诗

这些诗,是迎着朝霞落日和温暖的月光
身临其境写出来的,每个字都凝聚着温度
你能读下去,证明我们前生今世有缘
我是如此深情地爱你,让我们在这里相遇
此时,也许我在山顶上欣赏蓬勃的日出
也许在河边打着水漂,或把鱼钩刚刚放下
也许正看着一树青绿陶醉于书本之间
也许你已经把我忘记,悠闲地在草原牧歌
也许偶尔想念我,驿动着泪盈笑意丛生
也许你久仰我的大名,也许我们从未谋面
也许生活已走到过去,忘了我们曾经临风站立
也许不知我来自哪个星球,不知是不是同行
也许我已与人世话别,离开了亲爱的你们
离开了带来一生幸福,欢愉开心地生活
美丽的花草,还有不能忘却的忧伤和不舍
这没关系,能看到你面前的诗已经足够

这是我时代的记忆,也是我们相识的见证
我们重逢在这里,再一次一起仰望星空
挽手进入22世纪,甚至更遥远的未来
爽意的阳光雨露普照,没有忧伤痛苦
我老之又老,活在你悠远深情的影像里
迎着夕阳烤火,在冰河里优雅地飞翔
我们已不能相忘,成为一见如故的神交

诗歌是一种永恒的文化符号。古今中外,诗歌拥有着特殊且神圣的位置,缺少诗歌的国度就像被雨水打湿翅膀的雄鹰,难以悠扬地飞翔。我曾在《精神的池塘》中描述了对诗歌的敬意。

精神的池塘

诗总是不经意间
真实地对现实作答
纹理深不可测
像高大高远的虹
或激昂,或低沉
或直接,或隐晦

一泓精神汪洋的池水

丰盈着，纯粹着

荡起湿湿漉漉的影像

昂扬地展现在那里

看到了明媚的山路

看到了悦目的波浪

看到了红花和野草

看到了天人一体

当代诗歌的创作不论如何升华，都离不开传承，而这种传承已经摆脱了地域和民族的局限，成为一种全人类共享的璀璨文化。由此想，诗歌形式的发展和改变也是一种审美的改变，抑或可以说是一种进步。在这里，我用古体诗《年轮》向伟大的诗歌文明致敬。

年轮

岁月有痕月无痕

清风吹落一苔门

抬眼悦然浮云上

低头看见花厘神

月明掩去莲生津

蕉下犹有蕉下人

堂客清清原为客

炊烟袅袅碧月魂

特别致敬美国著名诗人沃尔特·惠特曼,他用毕生心血写就了不朽的《草叶集》,在全人类诗歌史上留下光彩一笔。我在创作《草叶》这首诗时,受到了他写作风格和技巧的重要启发,并用《草叶集》中的"草叶"二字取为标题,直截了当地表了敬意。

草叶

纪念一个值得尊敬的诗人

过去,现在,未来,毫不违和

宏大的叙事,巍峨粗犷地印记

草叶的力量,洒脱的力量

满书的泥草和本真,欢歌如天籁

浸润在大气磅礴的诗行中

横贯中西,文明思想的连接

与奇妙的知更鸟通灵

找寻有着强韧意志的草叶
　　裸露健硕的肌体，光彩照日月
　　掩书拍遍栏杆，轮廓明朗
　　浩渺的宇宙空间多么局促狭小
　　容不得我们大幅度转身眺望
　　在历史的开阔地遍种丁香和罗兰
　　一起在花团锦簇的麦浪上行走
　　给这个星球一个美好说辞

不仅如此。惠特曼的诗歌创作深植于他"行万里路"的人生跋涉和社会体验之中，使他的诗具有了不同于其他诗者的时代足音和历史厚度。我在《他的旅行》这首诗中，描绘了惠特曼的创作历程。

他的旅行

　　200年前，一个行者的足迹
　　男女，宇宙，自然，海洋，生死
　　诗打开崭新的疆域，直截了当
　　借喻隐喻暗喻，谈天说地的自由

窥见直抒胸臆的洒脱，快感
跟随你踏青，跋山，涉水，宿营
完成了400多次旅程，仿佛昨天
有雄壮，有哲理，有颂扬，有谩骂
布满自由，平等，正直，公平
你洒脱的笔触，穿透时空，今昔
同样以诗的名义，感受创作的逍遥
新诗风的开辟，和你一见如故
初春的味道遇见，听到赤烈的呼喊
有的火热，有的消沉，有的晦涩
有的浪漫，有的真实，有的虚幻
伟大的叙事，鲜活的灵魂舞蹈
一位思考者和历史的传承者
致以生与死，白与黑，主体与客体
现实与理想，男人与女人的敬意

诗歌伴随社会发展逶迤而行，它是思维方式最为鲜活灵动的表达。当人们面对一个更加简便的世界时，复杂的创作技巧和情感的跌宕起伏越来越需要以平铺直叙的形式表现出来，这生发出了风靡当今的口语诗创作群体。可否认为，诗歌形式的发展和改变也是一种审美的变化，抑或可以说适应了快节奏的社会。我也用《写作》记录了这一创作形态的变化。

写作

寻找安静之所
在鸟鸣虫醒之前
早早起床
备好纸和笔
大干一场的雄心
散乱，空荡荡
脑袋挤满了琐碎
笔尖被凝涩
看着绿色的窗外
无可奈何

不得不说，越写越底气不足，甚至怀疑自己的创作追求。特别感觉，能够创作出来的诗歌像人类的精血，珍贵而稀少，不能随意矮化和降低身段，如此下去，只能是自掘诗歌的坟墓，甚至成为嘲弄的对象。这种创作取向不管是故弄玄虚的艰涩还是日出日落的平实，终将难以戴上语言的王冠。我对口语诗不仅不排斥，还抱以深切的同情，也迫切期待口语诗自我升华。希望诗歌爱好者从徐志摩、席慕蓉、舒婷、北岛的诗出发，接续现代诗歌的血脉和本源，寻找现代诗人心灵的契合和欣赏。这首《回到席慕蓉》指向的并不是个体，而是创作群体和创作状态。

回到席慕蓉

一首诗该有的样子
文字的最高境
雅致的美，哲理的美
抒日月之胸怀
发人性之幽情
诗界的别致和突兀
能登上高处的灵魂
广大的慰藉，博爱的
洒脱，不动声色
如同驾驭大江大河

诗是文字的精血
不排除异己，粗粝
拯救艰涩和平庸

一剂清凉的雅趣

流淌着高贵的经纬

大草原的繁花和马群

都充盈天地的张力

贯通蓝天白云的血脉

人类至高的情感

汇聚起千年的诗道

诗歌的创作，既有现实基础，也有想象演绎，特别是涉及诸如人生、爱情、生死、宇宙等选题时，往往不全是作者的真实体验，更多的是生活中的感想感悟，读者没有必要像研究《红楼梦》一样去索隐和考证。在写作过程中，难以绕开对生死的思考，由此写下了《信物》，这首诗更多的是从积极的角度来看待人生，以免使人误入歧途。

信物

生命中的两大信物

一生笃定了爱情和死亡

爱情如火焰，死亡如烈酒

烧遍每一个毛孔，醉遍苍穹

宽阔的,自由的,唯美的
自我纯朴的财富,不可侵犯
泛滥旷野,吞噬世间一切
奇妙的风铃和生死相依的诺言
上与下,古与今,白与黑
不用歌颂吟唱,渺小而平凡
高亢的调门,相思的苦味
喜鹊迎风拒雨筑起爱巢
接受岁月烘烤,即使死亡
依然雄壮完美,听凯旋序曲
在崎岖蜿蜒的山路,林间
在追梦人癫狂的笔端

诗歌发展到一定阶段,其创作从现实和传承需要出发,呈现出了不同的时代特点和多样化的表现手法。我不是专业诗人,只是借助诗的表达方式。尝试抒发情感,凝聚思想,与新时代一起前行。我用《诗歌啊!》和《诗的欲念》两首诗来表达对诗歌的热爱。

诗歌啊!

历史的深处,当你的思想
足够阳光,健康,纯粹
你需要用诗来表达一切
用诗来赞美生活
诗,已不是皇冠上的饰品

诗歌啊,有你身影的地方
厚重的文字成了天然的陪衬
夏天冗长柳絮下
野蜂飞舞,在你的诗境里
只看到诗的踪影

历史卷宗里,仰望你的精髓
卓然身影,能够驾驭
语言和深邃,美丽的诗呀
你是九天玄女
你是花轿上优雅的新娘

诗的欲念

泛自天边的彩霞
敲响浑厚清幽的暮鼓
倾情向深处张望
点燃心中璀璨的灵光
诗道像笔仙附体的天马
纵横于日月星辰山高水长
为大千世界作注，颂扬
情感是生活的锦绣衣
灵感是诗的催化剂
索引每一个角落的高地
脱去虚假矫揉的外衣
虔诚于万物的神圣
沉浸原上绝美的情操
明亮处留下多姿的光环
需要用诗表达的时刻
一切退场，只剩下诗行
在文字的背后，看到
跑来跑去的灵魂

（2023.7.18）

卷十七
谈红

　　虽然至今，红学界仍有许多专家对《红楼梦》全书作者是不是曹雪芹一人莫衷一是，但这一问题只是学术问题，不会动摇《红楼梦》在国内古典文学的巅峰地位。正如"一千个观众眼中有一千个哈姆雷特"，在我的眼中《红楼梦》称得上是中国封建社会的百科全书。人们阅读《红楼梦》不仅是因为对人物的不同理解和喜好，更是因为《红楼梦》能带来不同的人生启迪和思考，如年轻人喜欢看宝黛爱情、中年人喜欢看生活智慧、老年人喜欢看人情世故，《红楼梦》为不同年龄段的人提供了五彩缤纷的想象空间。可即使如此，真正读过全本的人又有多少呢？我对《红楼梦》从望而却步到废寝忘食，超出了一般读书人的行为习惯。这几年搜集的有关《红楼梦》的各种版本，如手抄本、雕刻本、名人学者点评本摆满了整个书架。我认为不学则已，学则投入。虽说与饮食起居无涉，但干一行爱一行，研究一行钻研一行。研学《红楼梦》多年，晃晃过去，缀以叙之，以解春秋之念之兴也。

一、读书抑或生活

毛泽东同志曾表达过中国除了人口众多地域广阔，在文学上还有一部《红楼梦》。把一部文学作品放在如此的高位，已经远远超出了文学作品本身的价值。毛泽东同志日理万机，还能数读《红楼梦》，并推荐给老帅们阅读，可见喜爱之深。除此之外，还有那么多文学大家毕其一生探秘解惑，趋之若鹜，我们完全没有理由不认真拜读，一探究竟。

我虽断断续续读过全书，也大致了解主要故事情节，但往往是不求甚解。大约从 2017 年开始，我对《红楼梦》的研读达到了如饥似渴的程度，《红楼梦》有 70 多万字，我甚至有嫌短不忍读完的啧啧之叹，也有随便翻看都觉得是高级享受的震撼。近些年，因为庚辰本[1]的出版时间离曹雪芹去世时间较近，所以最受各出版社推崇。对这个扩大版的庚辰本我读了三遍，并且做了完整的批注。后得到人民文学出版社出版的精装本《红楼梦》又完整读了一遍，同样做了详细的批注[2]。这一时期，还通过各种渠道购买到了蒙古王府本、脂砚斋重评本、乾隆百廿回抄本等，对一些修改处和争议点进行了多次比对。

最值得一提的是，我还购买到了非常珍贵的两套影印本，分别是中国书店对自藏本进行影印出版的程甲本和人民文学出版社对北师大藏本影印出版的程乙本。这两套影印本，在内容上不能说谁更胜一筹，但从印刷效果来看还是有各自的优缺点：中国书店出版的程甲本，优点是对原书进行了深度技术处理，字迹清晰，严丝合缝，整套书像新排出来的一样，可看性大大增强。不足之处是，因为深度处理过了，看不到这套老书的原始样貌；人民文学出版社出版的程乙本，不足之处是没有做更多技术处理，有的字迹比较模糊，把整页复印在纸面上，可看性差了一点。好处是保持了原汁原味，污渍破损一目了然，因为没有经过任何的加工处理，阅读的时候不用多次比对，十分省事。

---

[1] 庚辰本只有七十八回，一百二十回本是用程乙本补齐。——作者注
[2] 此处的批注收录在本书卷十五《札记》篇。——作者注

除了购买各种版本的《红楼梦》，我还购买了很多评介书、续书。在评介《红楼梦》上胡适、俞平伯、周汝昌、王蒙、白先勇、蒋勋、刘心武等都是个中高手，他们的独到见解能让人获益匪浅。其中，台湾作家蒋勋录制的《细说〈红楼梦〉》，我更是听了许多遍，有时候出差，在机场用耳机听，有压倒飞机噪声的功效。有位演员说："蒋勋的声音是最好的安眠药。"一点不假，有时候睡不着，听听他的评说，还真能静下心来，慢慢入睡。当然，《细说〈红楼梦〉》的背景音乐《山谷幽居》也选得十分巧妙，我在网上找到了这首音乐的完整版，每每听到，令人神游。

历史上曾出现多个《红楼梦》的续本，我从其中选择了三个现代续本翻看：一本是刘心武的续本，续了二十八回。刘心武是资深的红学家，也是重新把索隐派和考据派拉入人们视野的当代作家，他最惊人的研究成果是发现了秦可卿的秘密，并由此质疑高鹗续伪；第二本是假借本。封面标注"[清]佚名，某某编，《癸酉本石头记后二十八回》"字样，把这些信息公开出来，是为了表达对这种假借行为的鄙视和不屑，红学家们也同样指出这种行为不端。可以续书，但不能混淆视听、掩人耳目。想来两个编者怎么整出二十八回本而不是四十回本呢？估计是受了刘心武考证学的影响吧！因为刘心武考证出《红楼梦》是一百零八回，所以这个假借本就借机编出二十八回。这种骗术实际上也不高明,怎么单单有后二十八回呢?难道这是曹雪芹遗失的原稿吗?显然不可能。既如此,为什么只抄了这后二十八回保存呢?这还不是主要的,如果续得好,假借就假借,可续得一塌糊涂,内容俗不可耐,比如"让林黛玉指挥抗击盗贼",真是"脑洞大开",还根据判词中的"玉带林中挂"搞出"一棵树下有一堆白骨,宝玉看到其中有林黛玉的遗物,就想到林黛玉在此上吊自尽了"如此牵强的说辞,也只有这种没有底线者续得出来。续就续吧!还过分包装,就《红楼梦》而言,曹雪芹有假借石头的手法,程伟元、高鹗有序里的手段,可无论曹雪芹或是程伟元、高鹗,他们说得清楚,我们也能看明白,两位现代人假冒《红楼梦》后二十八回的"新发现者",就有故意制造混乱之嫌了;第三本是陕西的一名红学爱好者张之续的,续了三十回,我完整的看了看,虽没有大突破,但也没有出格。续就续,明明白白说出来,没有什么不可以,续得好坏就是另外的一回事了。

俗常说,"人在画中游"。阅读《红楼梦》,有时真有这种亦真亦幻的感觉。到底是人在阅读《红楼梦》,还是《红楼梦》已经融入了读书人的日常生活,读书人与书中的人物同喜同悲,抑或共同沉浸在诗词歌赋的幻境中。不知不觉中,《红楼梦》成为了读书人的日常生活的一部分,疲惫时,茗茶读书,自有解除疲乏的功效;创作时,阅读此书,自能带来一种从容的奇效；沮丧时，看到大观园中的青春样本，自能减少一些失落；谈天时，用红学做媒，不知交到多少知己好友。由此想，我竟"人在书中游"，生活在《红楼梦》的世界中。

二、学术还是现实

1921年，胡适写就《红楼梦考证》一书，他的学生俞平伯紧随其后在1923年出版了《红楼梦辨》，这"一前一后"被认为是新红学研究的开端。那俞平伯到底在《红楼梦辨》里考证出了什么呢？简单地说，在胡适和俞平伯之前，以蔡元培为代表的红学家们研究《红楼梦》侧重于索隐，被称为索隐派。索隐派着重研究《红楼梦》背后隐藏的故事，典型观点有"反清复明说""宫廷政变说""纳兰性德说"等。如果还不能理解，看看刘心武的观点就比较清楚，他从索隐派的研究方法出发，索隐出秦可卿来历不凡，是某位皇子的某女儿，借藏在贾府，并引出了他认为准确的"真故事"。

除了索隐派，还有考据派。考据派最著名的代表人物是胡适，他的学生俞平伯延续了他的观点，从索隐转向对《红楼梦》和作者本身的考据，形成新的研究角度，被冠之以"新红学"。简单地说,考据派的特点是就事论事,不会像索隐派那样"透过现象看本质",是纯学术性研究。比如研究《红楼梦》的作者除了曹雪芹是否还另有其人?曹雪芹家住在哪里?江宁织造的历史是怎样的?当然,考据派引起红学界轰动的观点还是"后四十回是高鹗假借曹雪芹的续书,是伪作,属于狗尾续貂、漏洞百出之作"。这一观点一经提出,就马上成为考据派的主流观点,由此引起了对程伟元、高鹗的一系列质疑。由于胡适和俞平伯学术地位颇高且治学严谨,这种"腰斩"《红楼梦》的观点影响极其深远,几乎所有阅读《红楼梦》的人都认为后四十回不是曹雪芹的原作,《红楼梦》是一部半成品。尽管也有红学家认为后四十回是曹雪芹的原作,但呼声微弱。直到本世纪20年代,中央电视台专门制作了一部六集纪录片《曹雪芹与〈红楼梦〉》,邀请的专家学者基本上是支持《红楼梦》一百二十回作者都是曹雪芹的,如白先勇、王蒙、高阳等,他们认定后四十回是曹雪芹的原作,只是经程伟元、高鹗两人进行了"校阅""修辑""订讹""理补"。白先勇先生说得更加直接:"把《红楼梦》的著作权还给曹雪芹。"坊间这才对后四十回续书说有所动摇。

如果考据派的考证仅限于论证《红楼梦》后四十回是续书也不至于引起如此大的轰动。这里又不得不提到李希凡和蓝翎的《关于"〈红楼梦〉简论"及其他》,这篇文章又是从哪些角度打到了"俞平伯们"的"七寸"呢？不能不说李希凡、蓝翎避开单纯的学术研究，更多地从《红楼梦》研究的方法论和阶级属性上对考据派的考证进行了批判。比如"俞平伯的考据只注重作品的个别章节、夸大了作者的某些消极倾向，认为《红楼梦》只是一部'怨而不怒'的市井文学，没有从现实主义出发，探索《红楼梦》的反封建内涵，明显降低了作品的批判色彩。"又比如，俞平伯从《红楼梦》引子和判词出发，得出了钗黛合一的观点，把两个"对立"人物合二为一，把反封建者和封建卫道士合二为一，掩盖和抹杀了林黛玉的反封建性和薛宝钗的封建性，混淆了作品鲜明的阶级立场，否定了人物进步性和落后性的差别。

　　当学术研究同政治挂起钩来，直接导致双方不是在一个层面和标准来平等地进行探讨交流。历史不能重来，想必今日的读者可以更加理性地看待考据派是否有李希凡、蓝翎批评的倾向。实事求是讲，"俞平伯们"利用《红楼梦》稀有资料提出自己的学术观点，推动了红学研究向纵深发展，比如他们对不同版本的分析比较，得以使读者全方位了解《红楼梦》成书的来龙去脉，而不是独尊程甲程乙本。还有俞平伯对后四十回与前八十回的比较研究，认为后四十回只是程伟元、高鹗假借曹雪芹之名的续作，并指出了其中诸多不合曹雪芹原意的地方，也引起了广大红学专家以及《红楼梦》爱好者的关注，对于研究和扩大《红楼梦》的影响有积极作用。但其中有些论断按俞平伯自己的话讲"也过于草率"，毕竟面对的是150年前的一部巨作，资料有限，有些只是根据只言片语或主观推测，不严谨不科学之处不少。但这些缺陷是否就能构成对当事人的"盖棺论定"，似也难以断下结论。"青山遮不住，毕竟东流去"。回过头来看，在当时的语境下，李希凡、蓝翎对俞平伯的批判，或许只是意识形态斗争的缩影而已。

1990年10月，俞平伯先生以90岁高寿逝世于北京。作为一个文学大家，除了研究红学，还有很多脍炙人口的散文传世，有些还被收录进中小学教材，他的《燕知草》《杂伴儿》成为散文的一个标尺。对于《红楼梦》后四十回的研究，俞平伯先生临终时又说出："胡适、俞平伯是腰斩《红楼梦》的，有罪。程伟元、高鹗是保全《红楼梦》的，有功。大是大非。"又写到"千秋功罪，难于辞达"等语。对于《红楼梦》研究中的是是非非，想必读者有各自的评价。

三、疑古还是尊古

写下这个题目，觉得并不十分准确。说白了就是要讨论《红楼梦》后四十回是不是续书的问题，这又可以把两个不应该作为论据的约定俗成排除掉,一是后四十回是程伟元、高鹗续的还是另有其人;二是后四十回是否有文学价值。在做了这两项排除后,我们再来分析是不是续书的问题。

关于续书说,早在18世纪末,坊间就有程伟元、高鹗作伪说,但那时《红楼梦》受众有限,也不像今天的红学家能下这么大功夫研究,所以程伟元、高鹗作伪说并没有在社会上激起水花。自1921年,胡适写就《红楼梦考证》一书,俞平伯在1923年出版了《红楼梦辨》后,质疑声才开始大起来。虽俞平伯和胡适在《红楼梦辨》《考证〈红楼梦〉的新材料》《红楼梦考证》等书中,系统阐述了他们的研究成果如关于《红楼梦》各种版本的优劣比较及语句的差异等,但这些研究结果同他们考证的后四十回是程伟元、高鹗作伪引起的轰动相比反而显得不重要了。

除了胡适、俞平伯之外,张爱玲、周汝昌、刘心武、张庆善等也持程伟元、高鹗作伪说观点,其中张爱玲更是留下了"一恨海棠无香,二恨鲥鱼多刺,三恨红楼梦未完"的金句。今天的扛旗者当属刘心武先生,他在《百家讲坛》节目中提出的"秦可卿身世之谜",直接挑战甚至颠覆了红学研究的传统认知。他从秦可卿是某太子的女儿出发,演绎出《红楼梦》中"草蛇灰线"的历史线索,并由此为后四十回是程伟元、高鹗作伪进行了充分论证。更有胆量的是，他竟然犯了写书者的大忌，亲自披挂上阵，续写了《红楼梦》后二十八回。按说，刘心武是写现代小说的，他怎么能够把一部古典文学作品写出与当时对号入座的刀光剑影呢？他甚至异想天开地认为，大夫给秦可卿开的药方也是不可人知的"密码本"，如大夫关于秦可卿病症的发展趋势，好不好就看春天的诊断，被刘心武说成是宫廷政变成败在此一举的暗示；又如开的药方里有"当归"一味药，被刘心武说成，是要秦可卿回去，不管是病死还是上吊，都必须了断自己之意。呜呼，如果曹雪芹在世，也会佩服刘心武先生的想象力吧！以这么多奇奇怪怪的推理作依据，还能好好进行文学创作吗？难怪被评论家们扣上了许多难以启齿的帽子，致使长时期积攒的好名声一败涂地。刘心武把"红学"研究转为以"秦学"打底的研究，可以说是《红楼梦》研究中"剑走偏锋"的代表。如果曹雪芹当初真要如此"草蛇灰线"，估计也写不出这么脍炙人口的文学作品了！

（一）质疑后四十回是程伟元、高鹗作伪的理由

1.《红楼梦》后四十回没有被脂砚斋等评注。从脂砚斋"因命芹溪删去"的口吻看，他不仅与曹雪芹同时代，而且关系密切。现存的经过脂砚斋评过的《红楼梦》成书于1761年，仅发现了前八十回，其中六十四回和六十七回缺失，六十八回也有残缺。研究者难以定论的是后四十回曹雪芹到底有没有写出来？如果有，脂砚斋和畸笏叟评了没有？是评过遗失了？还是根本就没看到后四十回？抑或是看到了后四十回，还没有来得及评就遗失了呢？红学界比较一致的观点是，脂砚斋和畸笏叟评注过的前八十回是曹雪芹的原作，至于后四十回因为没有脂砚斋和畸笏叟的评注，只能暂时认定为续书。不仅如此，对于《红楼梦》是一百二十回还是一百零八回还是一百一十回，红学界同样也是存疑的。

2.《红楼梦》前八十回和后四十回文学水准及叙述风格大为不同。质疑后四十回是程伟元、高鹗作伪的学者们认为，前八十回诗词歌赋比比皆是，后四十回为数不多的诗文，也大有故意拼凑之嫌，更不用说前八十回中大段的对建筑艺术、花草树木、医学知识、书画理论、古典名著、风土人情的描述。学者们还通过统计前八十回与后四十回的常用字、诗词典故出现的次数，用以证明后四十回比前八十回弱了不少，以此佐证后四十回总体语言干瘪沉闷、情节安排拖沓重复、对话缺少机锋，更没有上知天文、下晓地理的游刃有余。

3.《红楼梦》前八十回和后四十回情节缺乏连贯性。质疑后四十回是程伟元、高鹗作伪的学者们认为，在太虚幻境里已经为每个主要人物的命运进行了暗设，但在后四十回中没有得到充分体现，甚至有些人物的命运还出现了严重偏差：比如"玉带林中挂"，应该暗示的是林黛玉上吊自杀了，不应该是病死的；比如"金簪雪里埋"，应该暗示的是薛宝钗死在了冰天雪地里，不会有善终；比如有些情节与前八十回雷同，像贾府被抄家、薛蟠打死人等；比如前八十回中林黛玉反对宝玉入仕，后四十回中竟也有林黛玉让宝玉读书的情节，造成了林黛玉人格的巨大矛盾和冲突；比如有些人名前后不一致；比如调包记的设定太戏剧化，不符合曹雪芹"轻拿轻放"的情节推进等等。

当然，从总体上质疑后四十回是程伟元、高鹗作伪的学者们主要批评的还是"兰桂齐芳"冲淡了曹雪芹原定的悲剧气氛。判词里说得明明白白，最后要"白茫茫一片真干净"，应该是"树倒猢狲散"了，怎么又出现了家族复兴的萌芽，这点与曹雪芹在《太虚幻境》里设计的故事结尾有太大出入。一句话，结尾明显减弱了《红楼梦》的悲剧性和曹雪芹对封建社会的批判性。

质疑后四十回是程伟元、高鹗作伪的学者们不仅认为后四十回是伪作，还认为前八十回改得也不尽如人意。仅就程甲本与程乙本的前八十回而言，后者同前者相比，做了大量的文字修订，改动处达一万五千多字，从全本看，更是改动了二万一千多字，除去必须改正的错别字，应该说改动也是很多的。而程甲本的前八十回同最早的庚辰本前八十回词句上有很多地方不同，对照看改动处还不如原版，用词明显违背了曹雪芹的原意，也降低了原作的文学水平，大有"狗尾续貂""画蛇添足"之嫌。比较典型的如脂砚斋批评本中第八回"比通灵金莺微露意 探宝钗黛玉半含酸"说林黛玉"摇摇地"走来，程本里却加了两个字，变成了"摇摇摆摆地"走来，立马意境全失。

（二）支持曹雪芹为全书作者的理由

支持曹雪芹为全书作者的学者们，虽然在气势上不如续书说，但是也大有人在。代表人物有林语堂、王蒙、白先勇、高阳等，这些人虽然式微，但在长期积极的宣传解说下，终于在21世纪迎来转机。

2021年底，中央电视台制作的六集纪录片《曹雪芹与红楼梦》，以尊重史实为依据，主要介绍了曹雪芹的家世及他创作《红楼梦》的背景和初衷，整个纪录片选取了《红楼梦》中的香菱、晴雯、探春、黛玉、凤姐、宝玉为线索，讲述了《红楼梦》在人物塑造上的特点，并以她们为引，探求了曹雪芹的人生经历。这部纪录片引起广泛关注在于，基本肯定了曹雪芹为全书作者的观点。白先生长期研究讲授《红楼梦》，研究心得颇多，曾著有两卷本的《细说〈红楼梦〉》。《正本清源说红楼》汇总了红学界支持曹雪芹为全书作者的专家学者。虽然这本书的影响没有办法同中央电视台制作的纪录片比，但红学界的专家学者们清楚，对于这样一部中华民族伟大的文学瑰宝，不能再纠缠是续还是原作的问题了。

《红楼梦》既代表了中国古典文学的最高水准，人们不禁要问是整部《红楼梦》代表了最高水平？还是仅就前八十回代表了最高水平？另外，我们一方面质疑后四十回写得如何不好，另一方面不管影视作品还是其他各种解说本，基本都依据了《红楼梦》一百二十回本的构思，这不能不说是一个文化尴尬。其实前后说只是一家之言，但因为这种说法迎合了人们疑古心理，在普通读者心里已经打下了深深的烙印。认为后四十回为曹雪芹原笔者比较直接，全部针对续书说的理由而去。

1. 根据考证，程伟元、高鹗的刻印本出来后，与曹雪芹来往密切之人如敦敏、敦诚、墨香、明义等还在世，他们应该看过曹雪芹的原稿，也都看到了程刻本，如果不是原稿的话，不早就指出来了吗？如永忠在1768年写的诗《因墨香得观红楼梦小说吊雪芹》来看，应该是不仅看到原稿而且看到的还是全本，证明了全本确实存在；又如敦敏去世时是1796年，此时程甲本已存在了好几年，敦敏不会不知道。如有疑义肯定会提出来。而那些质疑后四十回是续书的学者们都是在这些有据可考的人去世后才提出了质疑，其可信度就大为降低。

2.全书出现前八十回和后四十回不一致,以反证法说明作者是同一人。《红楼梦》影响很大,广为传抄,质疑后四十回是程伟元、高鹗作伪的学者们认为,《红楼梦》前八十回和后四十回情节缺乏连贯性,其中贾宝玉的出走最甚。支持曹雪芹为全书作者的学者们对此进行了反证推断。如果是续书的话,续书者不会不熟读曹雪芹的判词,谁都会按保险的办法去续写,也并不比"调包记""黛玉焚稿"难写。正因为如此,反而证明了是亲自创作而不是被人续写。出现前后不一致,只是曹雪芹同任何一个作者一样,对自己的作品进行了反复推敲修改,在《红楼梦》开头就讲到"披阅十载增删五次撰出目录分出章回",所以这部巨著并不是一步到位、一次成型,这也符合小说创作规律。由此说,程伟元、高鹗得到的稿本未必是曹雪芹的定稿,但应该是曹雪芹的原写。

至于"兰桂齐芳",并不能说明曹雪芹没有写到家族的彻底衰败,只是留下了一点温暖和亮光,使人的心里少有些许慰藉而已,从读者心理感受上看,并没有降低《红楼梦》是一部悲剧作品的定位。再退一步讲,如果固执地认为"兰桂齐芳"与判词不一致,那么"兰桂齐芳"还没有按判词改过来,或判词还没按"兰桂齐芳"改过来,也不是没有可能。

3.针对后四十回写作水准不如前八十回的质疑,支持曹雪芹为全书作者的学者们也提出了他们的看法。《红楼梦》从全书构思上看，小说前半程光鲜照人，鲜花着锦、烈火烹油、场景丰富、歌舞升平是一种正常状态，出殡、家宴、诗社、刘姥姥游园，从文字描写上比较生动活泼、神采飞扬，自是心气十足的表现。实际上，不只是从八十回后，从七十四回抄检大观园开始，荣国府的宁静和谐就被打破了，开始走向下坡路，试想在这种境况下，谁还有心思吟诗作画呢？想做也没有那个气氛和心情。贾母十五赏月，多么想追忆似水年华，但"精气神"全无，强颜欢笑而已，贾家都如此，谁家不如此呢？在"大厦将倾"时，暗淡的生活使得生活上的情趣减少了许多。

白先勇先生在《细说〈红楼梦〉》和《正本清源说红楼》里，对庚辰本和程乙本作了极其详细的对比，得出了"后四十回比前八十回写得还好"的结论。这可能有"护犊子"的嫌疑，但不可否认的是，后四十回的确存在很多精彩的段落，如黛玉焚稿、宝钗出嫁、宝玉出家等，这点连持反对观点的俞平伯都不否认。

4."从文学作品创作规律来看，续书几无可能。"王蒙先生对这种观点最为支持，他认为，"这么一个大部头作品，线索人物这么复杂，要续写的话，需要对前八十回特别熟悉，即便如此，也难以写出全书三分之一的篇幅"。用王蒙先生的话讲："别说续四十回，就是今天写了，明天还原封不动地回忆两页都很困难,怎么可能干这种费力不讨好的事情呢?从古至今,续书没有成功的,也没有先例。"两位有丰富创作经历的大作家现身说法,应是说服力极强的经验之谈。

5. 在没有过硬证据证明后四十回为续书的情况下,尊重前人的结论是最为明智的。俞平伯在其考证里气愤地说程伟元、高鹗为了谋取个人私利,假借曹雪芹之名写书,人品很差。他认为,程伟元、高鹗在序里所说,先收集到二十来卷,后又在书市购得十几卷,通过增补疏通,形成全璧。"世上没有这么巧的事",都是混淆视听、欺世盗名之举,为了挣钱和出名而进行的拙劣包装。对此,支持曹雪芹为全书作者的学者们认为,程伟元、高鹗已经在序里比较清楚地说明了书的来历。只是根据非直接证据不准确地认为"补"等于"续",甚至认为序中所述完全是他们两个人为了谋利在说谎,是否过于武断,万一程伟元、高鹗在序里所说是真实情况呢?对此王蒙先生说了一句非常敞亮的话:"你没有过硬的证据证明它不是,那我们就姑且认为它是。"

尽管脑海里已经被后四十回是程伟元、高鹗作伪的观点先入为主,我还是倾向于支持曹雪芹为全书作者。为什么呢?因为文学创作是一个漫长的过程,不是一蹴而就的,特别是大部头的著作更需要反复修改打磨,原先的写作框架被推翻或打乱是常有的事，如果不进行统校的话，很容易出现前后不一致，即便是主要情节也不是没有彻底推倒重来的可能，甚至有些改动"连亲妈都不认识了"。比如秦可卿之死，脂砚斋说："曹雪芹原先写的是'秦可卿淫丧天香楼'，后来听了他的劝告，把这一部分内容删去了近四五页，并且把上吊自杀改成了因病去世。"可能曹雪芹删改了这一部分内容，但没来得及统校或也可能是故意留一些破绽，致使我们还能在书中找到一些似有若无的迹象，甚至到鸳鸯殉情也要让秦可卿引导。幸亏删改前的本子没有流传下来，否则还不知道哪个本子更好呢！所以，也不排除曹雪芹在写作过程中调整了自己最初的想法。

对于被严重诟病的"兰桂齐芳"，我觉得社会是不断向前发展的，封建社会消亡了，自有更高级的社会形态出现，怎么能说人类社会也要跟着消亡了呢？家族是社会的缩影，对曹雪芹来说，看到了自己家族的衰亡，难道就没有一点希望贾家东山再起的念头吗？而这种所谓的希望只是贾兰刚刚入仕，所谓的贾桂还只是腹中的胎儿。看到贾宝玉出家、林黛玉病死、薛宝钗独守空房，家中的盛景已不复存在，这还不够悲怆吗？至于今人说的结尾还不够惨烈，真是有点"看殡的不嫌殡大"的意味。

当然，我也不完全赞同王蒙先生续书不可能的说法，自从程甲本出来以后，不断有人续书，特别是胡适、俞平伯续书说提出来后，更是出现了多种多样的续本。从国人喜好舞文弄墨的传统来看，假如当时程伟元、高鹗想续书也不是完全没可能，我们也不能低估他们的创作能力。实际上，明清以来，喜欢写小说的高手大有人在，他们未必要成家出名，更不会有想要"出版版权税"一说，写书者大多是为了展示自己的才情。程高本是第一本完整的《红楼梦》刻本，从作品传播和阅读效果上比手抄本不知强了多少倍。更为关键的是，几百年来读者已先入为主地接受了程高本。

小说作品本身是超越现实的文学创作，是作家精神活动创造的产物，书中的情节和人物都是作品中的"真实"，而不是现实中的"真实"。如果说历史本身有"真实性"问题，文学作品本身则不存在"真实性"问题。因为没有曹雪芹后四十回的原件与程高本的后四十回进行比对，怎么可能评说谁虚构得更真实了呢？既没有十足的证据证明程高本是作伪还是原件，两人也在序里明确把来龙去脉讲清楚了，我们没有必要把更多的精力放在《红楼梦》后四十回是"官窑"还是"民窑"上。

四、"摇摇"还是"摆摆"

作为《红楼梦》爱好者和研究者，首先要了解《红楼梦》的成书年代及写作状态，否则容易一叶障目、以偏概全，抓住一点，不及其余。尤其在面对《红楼梦》版本的优劣争议时更应如此。不管有多少遗憾，我们看到的《红楼梦》都是手抄本、过录本，包括脂砚斋的评注本和重评本，都不知道过了多少道手传抄下来的。至于当时为什么有这么多人抄写《红楼梦》，程伟元、高鹗讲得清楚，在书市上，一本手抄版《红楼梦》可以卖到数十金。这可不得了，那要怎么抄书？有一个记载讲叫"烧锅本"即在做饭的空当抄写书籍。还原这个场景，几个人把一个原始抄本拆开，然后大家分头去抄写，抄完之后再合到一起，装订好去卖钱。更"高级"一些的是，有一个人读，十个八个甚至几十个人在一起听抄，这虽是一个聪明的办法，但差错率可想而知。即便程伟元、高鹗用木活字刊刻，不是照样有残缺吗？从流传下来的屈指可数的程甲程乙刻本看，一页有十行、每行二十几个字，《红楼梦》全书有70多万字，加上序言、绣像等排出这部巨著要制作近4千块版才行，并且有的字用得多，有的字用得少，有可能用得多的字没有了，为了赶版就用象形或同音字代替，这种情况在程甲本里并不少见。因为《红楼梦》太抢手，程伟元、高颚急着把第一版印刷出来，因为是木活字制作难度高，再加上印刷成本和纸张稀缺，只印了100本。后面估计是发现差错太多，所以又紧急赶制出了第二版。第二版不仅进行了字词的修改，还对第一版的内容进行了全面的梳理校订。

关于活字印刷，是老祖宗伟大的发明之一。因为木头容易刻字，所以在铅字铸模出来之前，活字印刷主要以木活字和雕版印刷两种形式存在。活字印刷的出现，使得各种典籍、小说摆脱了手写的束缚，为书籍的流传和保存提供了便利，同时提高了书籍的制作效率。

活字印刷时，第一步是雕刻活字，还要根据书写的内容把对应的版式排出来。对于排版工来说，这是一项非常辛苦的工作，而且版式一旦排定，就很难再进行大调整，因为一个字的改变，往往会导致整个版面的重排，费工费时，所以排版工对编辑的最低要求是，可以改字，但最好是加一个字，减一个字，这样可以保证只调整一行或一个段落，而不需要整版打乱重排。20世纪80年代，我曾在报社工作过，那时报社采用的印刷方式就是活字印刷，对报纸出版背后的辛苦有切肤之感。由衷地感谢发明电子照排系统的王选院士和发明五笔字型的王永民先生，是他们把出版行业带进了电子照排时代，出版效率和制作成本包括可保存性，都产生了质的飞跃。

说了这么多，看似与《红楼梦》没有关系，实际上想表明当了解了活字印刷的艰难和复杂，就能了解手抄本差错的不可避免性。阅读《红楼梦》应更多关注基本情节是否合理，不要过多地纠缠书中语句的差错或抄本的不同，并由此简单地推断哪个版本优或哪个版本劣。

曾任中国红楼梦学会会长的张庆善先生是一位造诣很深的红学家，他在参加一个小型读书会时分享了研究心得，虽讲得客观全面，但也不能免俗地用个别字句来判断版本的优劣。他举了一个例子，在《红楼梦》第八回中宝玉、黛玉、宝钗以及薛姨妈的对话，每句暗藏锋机，非常令人拍案称奇。这段描写庚辰本和程甲本都大同小异，在剧情上没有大出入，问题出在了对黛玉进来时状态的描写。庚辰本写的是："一语未了，忽听外面人说'林姑娘来了'，话犹未了，林黛玉已摇摇地走了进来。"而程甲本写的是："一语未了，忽听外面人说'林姑娘来了'，话犹未完，林黛玉已摇摇摆摆地走了进来。"上面是两个版本的不同表述，不指出来，估计一般的读者也不会留意有什么不同。但红学家们对此耿耿于怀，为什么呢？因为庚辰本说是"摇摇地"走来，而写的程甲本说是"摇摇摆摆地"走来，一比较趣味确实有天壤之别。我也同意张庆善先生所说的"摇摇"比"摇摇摆摆"更有诗情画意，更加符合林黛玉的人设，问题是张庆善先生就此认为程甲本不如庚辰本好，认为是一个词坏了一部书，似也有点夸大"摇摇"的作用了。

为什么张庆善先生没有提到程甲本修改比较成功的字词句呢？比如对尤三姐的描写。而同样，作为程乙本的捍卫者，白先勇先生也同样只认为程乙本改得好，对其他版本也是非常之排斥，甚至认为后四十回比前八十回还好，这也有点言过其实，起码也应该肯定一下"摇摇"吧。

说到对尤三姐的描述，白先勇先生这次抢占了先机。为什么这么说呢？因为其他版本多把尤三姐描写成一个水性杨花之人，在大闹贾珍、贾琏之前，尤二姐尤三姐都已经与贾珍有首尾，尤三姐撒酒疯嘲弄贾珍、贾琏就没有前提，更不用说刚烈到挥剑自刎。程乙本在这点上给尤三姐还了清白之身，才使后面一系列作为合理。所以在这点上，程乙本比其他版本改得好。实事求是讲，程乙本在理顺全本关系上下了很大功夫，在一定意义上可以说，他们替曹雪芹完成了校对、编辑工作，这是必须肯定的。因为都是传抄本过录本，词句上不准确不说，就是一些情节的描写也难免会根据自己的理解进行演绎。当然，也不能把一些好的修改当成否定其他版本的依据，对续书一派和原作一派来说，都同样需要有这种包容心。再者说，改得好坏，只是程伟元、高鹗们修改的本事，也不能由此判断全书都是原作，当然也同样不能因为这个理由否认后四十回就不是原作。进一步讲，因为抄本的关系，曹雪芹一直在修改，也不能以抄写的早晚决定哪个版本更有价值。

总体而言，我支持曹雪芹为全书作者，程伟元、高鹗进行了修订整理的观点，至于为什么，除了以上的理由，还是王蒙先生那句话，"你没有过硬的证据证明它不是，那我们就姑且认为它是"。

如此而已！

五、小说还是历史

开章明义：一是我主张《红楼梦》首先是一部文学作品。它的伟大之处不在于暗藏了多少历史秘密，而是它的文学价值；二是《红楼梦》肯定不是曹雪芹生活的真实写照，但《红楼梦》中绝对有曹雪芹生活的影子。不是有句俗语"艺术来源于生活又高于生活"吗？

从考证看，曹雪芹是曹寅的后人，曹家祖上曾经掌管江宁织造，负责采买宫里用的衣品布料。那时能与皇宫有联系就可享荣华，更何况江宁织造这样一个肥差。如按史料，康熙南巡曾有四次住在曹家，充分说明康熙对曹家的器重和信任。如果仅算经济账，接驾皇上肯定是赔钱的，但接驾皇上能达到的社会影响又是经济上的付出所不可比拟的。这件事可参考《红楼梦》里元妃省亲的情节。元春省亲时场面的铺设，估计有当时曹家接驾的影子，虽未必每次都新建园子，但接待规格可见一斑。所以借元春表达出"还是太奢了"。为什么说这事有康熙南巡的影子呢？因为脂砚斋在这一情节后面有批语："又要瞒人。"我感觉这个"瞒"字用得非常自然高明且合乎情理。因为贾元春作为皇妃，身份足够高贵，其省亲规格才能与当年康熙驻跸曹家有可比性，也才能在作品里还原当时豪华的场面，而不露痕迹。类似此"史笔也"还有几处，包括贾家女眷经常参与宫里的活动，从康熙皇帝对曹家的信任看，这些活动有现实基础。从《红楼梦》作品看，因为贾元春这个特殊角色，也为贾家参加宫里各种活动提供了可能。或许曹雪芹的经历在书中有所体现，否则脂砚斋也不会在批评语里，用"隐"和"瞒"两字来点明。

那是否能由此说《红楼梦》就是根据曹家的故事写成的呢？显然不能！曹雪芹在《红楼梦》中只是借用了他所经历的几个场景，虽然这些情节能够起到画龙点睛的效果，但也只是用来烘托故事背景，同曹雪芹要表达的中心思想并没有直接关系。或许曹雪芹也认为把这些情节穿插其间，上涉天子下涉家丑，是犯忌，故用"甄士隐""假做真时真亦假"的手法，把真相隐去。当然，所谓的"史笔""瞒人""隐去""删去"也未必完全是一种对现实生活的隐藏，比如"秦可卿死封龙禁尉"一回，脂砚斋批语写道，曹雪芹对秦可卿死因进行修改，"是大发慈悲心也"。之所以脂砚斋让曹雪芹修改对秦可卿死因的描述，是因为秦可卿托梦给凤姐，警示贾家要为以后的衰落早做准备的良好愿望，就别直笔写她"淫丧天香楼"改上吊为病死，所以"命芹溪删去"。从现存的《红楼梦》版本看，曹雪芹当真删了这一部分内容。我感觉托梦之事本来就难以判断真假，难道在现实生活中秦可卿也曾托梦给凤姐吗？脂砚斋把托梦之说和让曹雪芹删除有关描写联系起来，更像是考虑故事的逻辑性而非现实生活。我们是不是也把书中的故事与现实混淆了呢？

不管怎么说，曹雪芹的生活经历无疑是《红楼梦》中日常生活的素材来源之一，否则一个没有接触过上层社会的人怎么可能铺设出与宫廷有关的故事场景呢？但经历毕竟不能成为人所有知识积累的来源，家族跌宕起伏的命运，也不足以演化出如此内涵丰富的故事，更不可能有如此强烈的戏剧冲突。曹雪芹身处世家，除了家庭的文化熏陶对他的文学创作影响深远外，对相关文学作品的阅读，应该也为曹雪芹提供了必要的素材储备。比如书中的"太虚幻境""宝玉出家""妙玉遇难""晴雯撕扇"等情节能在一些文学作品中找到痕迹，甚至"秦可卿之死及出殡方式""元春送宫花给贾家的女儿们""袭人对宝玉约章三件事""贾府被抄家"等情节包括人物的安排也有似曾相识之感。至于像"你们东府里除了那两个石头狮子干净，只怕连猫儿狗儿都不干净""千里搭长棚,没有个不散的筵席""不是东风压了西风,就是西风压了东风"这些俗语的引用更是起到画龙点睛之效。

六、分离还是融合

如何巧妙地把生活的积累和传统文化的积淀有机糅合在一起,曹雪芹在《红楼梦》中给出了答案。为了使小说同现实保持一定的距离,曹雪芹采取了两条绝妙的思路:一是通过一僧一道把象征主人公的顽石夹带入人间,让其经历一番人世间的爱恨情仇、荣华富贵,这块顽石不是一块普通的石头,而是女娲炼石补天剩下的石头,即用剩石寓意无用之才;二是将神瑛侍者和绛珠仙草幻化人形,分别以宝玉和黛玉面目出现,增添了故事的神秘色彩。因神瑛侍者在天上长期浇灌绛珠仙草,感动了绛珠仙草,致使绛珠仙草来到人间用无尽的泪水回报神瑛侍者,注定了黛玉的眼泪从冬流到夏。

一般来讲,一部文学作品的开篇是作者倾注心力反复加工润色之处,《红楼梦》也是如此。本来"补天顽石"就很完美,曹雪芹又难以割舍地加上了神瑛侍者和绛珠仙草,在成书时这两个情节都被他保留下来,为阅读者设置了一道费解的必答题。并且为了表明他"欲说还休"的初衷，刻意设置了两个人物出场，一个叫甄士隐，一个叫贾雨村，明眼人一眼看得出是"谐音梗"。既然不想让读者知道，为什么还要告诉世人"隐去了真事"呢？脂砚斋也在批语里白纸黑字地把隐瞒的地方标识出来，这到底是一种写作手法还是故意"假做真时真亦假"，越看越有一种不打自招之嫌。

在人物关系上，主要有两派人物：一派保守；一派叛逆。曹雪芹为这两派人物采取了分离融合的设定。保守派是主流，如贾母、贾政、王夫人、王熙凤、薛宝钗、袭人，甚至贾琏、贾珍都要归入这一派，这一派维护封建道统，主张经世之用，其中以薛宝钗最为典型；叛逆派则以贾宝玉、林黛玉、晴雯、小红、司棋、芳官等为代表，这一派个性鲜明，蔑视传统，其中以林黛玉最为典型。因为在为人处世、思想观念、言谈举止上的大不同，直接导致了两派明里暗里的碰撞，而这一切都以贾宝玉的态度为评判标准。宝玉不喜欢宝钗，因为宝钗让他读书，学习经世之学，要入世做官，宝玉对此非常反感，认为做官的都是"国贼禄蠹"，甚至不顾宝钗的面子，让宝钗去找太太们打牌也不愿和她待在一起。对宝玉而言，凡让他读书的他都不喜欢，包括大大咧咧的史湘云。而他最喜欢林黛玉，不只是黛玉有"两弯似蹙非蹙罥烟眉，一双似喜非喜含情目"，更关键的是黛玉思想上与他靠近,他曾对湘云说:"林妹妹不说这样混账话,若说这话,我也和他生分了。"当然,这里读的书主要是指四书五经、八股文,而不是其他,因为我们可以在书中看到两人会一起看《会真记》①,若隐若现地抒发相思之苦。

在人物关系上,如果两派从头到尾泾渭分明,估计曹雪芹也难以写出千回百转的经典之作。寻找人性的融合当是曹雪芹追求人格完善的探求之举,从这一点上说,俞平伯在《〈红楼梦〉研究》中的"合二为一说",是有一定道理的。比如对于书中两个最重要的女性林黛玉和薛宝钗竟做在了一个判词里,"可叹停机德,堪怜咏絮才。玉带林中挂,金簪雪里埋",即便惜字如金,也没有必要把两个重要人物的"判词"放在一处,这实际上间接地反映了曹雪芹强烈的完美人格追求和优势互补的心理需要。这个判词也可以体现出后期两个人互相靠近。比如宝钗发现黛玉误用了《会真记》里的诗句,私底下跟黛玉说,她也是从小过来的,这些书她也都看过,说明宝钗思想深处并不保守。因为有了共同的秘密,两人的关系慢慢得到了软化,比如黛玉需要人参调养,宝钗主动在自己家里调制好汤药给黛玉送来,黛玉大为感动,向宝钗说了一连串的掏心窝

---

① 《西厢记》

子话，由相互较劲到冰释前嫌。以致后来，出现了让读者大为不解的内容，就是宝玉在迷茫彷徨时，黛玉也让他多读四书五经，而此时宝玉也没有像当初对宝钗那样对黛玉绝对排斥，反映了人物在剧情发展过程中的思想变化。此中人物定位的融合，能够体现出曹雪芹内心深处的一种美好愿望，尽管可这种融合会冲淡矛盾和冲突。

  在其他人物身上，也有这种融合的趋向性发展，比如：贾政是典型的"政府官员"，但也希望能同全家一起享受猜谜的快乐；贾母是传统社会的典型代表，维护着家族的规矩、荣耀和尊严，但也有打破规矩，不要分尊长、大家盘腿而坐的强烈愿望；袭人的性格和思想特点来讲，既已与宝玉有切肤之亲，在当时的社会环境下是断不可再嫁给蒋玉涵的，但她准备的以死殉情的三次考验都在她的自我说服下没有发生；尤三姐确实是曲中之人，那么最后举剑自刎，是不是也以极端的形式实现了自己人格的融合和完整呢？所有这一切的人格融合，在探春身上"集大成"了，她既有相当的经世之才，又擅长管理，还有开阔的思想和冲破牢笼的勇气（远嫁何尝不是这种思想见之于行动的体现），虽归宿没有写明，似也有一种悲壮的气氛凝结其中，但其朝气还是四溢出来，这是不是曹雪芹需要的一种理想人格呢？这些人物设定的不断靠近，是曹雪芹内心深处美好愿望的必然呈现，而不是读者希望看到的对立两派水火不容。

仅就《红楼梦》这部作品而言，曹雪芹为主要角色设置了"分离"的形象，同时，在生活的交错中，他又试图寻找一种人物性格"融合"的形态，你中有我，我中有你，没有决然地作美与丑、好与坏、正确与错误等泾渭分明的划分，也许从一定意义上说，这更接近现实的真实。

七、生存还是毁灭

曹雪芹的伟大之处还在于，所有的这些构思都被他巧妙地镶嵌在了几个重要板块之中，尽管有人认为有些板块有嫁接之嫌，但我觉得一气呵成，缺一不可。比如葫芦僧判案、黛玉葬花、宝钗扑蝶、醉卧芍药、平儿行权、晴雯撕扇、红楼二尤、黛玉焚稿、鸳鸯拒婚等非常生动传情，但要真正对剧情发展有起承转合作用的还是一些大的事件（场景），我概括为十场大戏。

第一场，秦可卿出殡。涉及到的人物和事件包括凤姐协理，北静王礼贤，奢华的葬礼，凤姐弄权，"买官卖官"，可卿警言，家族社会关系等。

第二场，元妃省亲。涉及到的人物和事件包括修建大观园，宝玉试才情，省亲场面，元春对待宝玉婚姻的取向，宫里身不由己，众姐妹搬入大观园等。

第三场，结社对诗。这一场景是《红楼梦》的精华，如果没有海棠社、菊花社，吃鹿肉连诗、林黛玉和史湘云凹晶馆对诗，《红楼梦》的文学价值将大打折扣。涉及到的人物和事件包括宝钗和黛玉的诗才，宝钗处理问题的全面，李纨的特别角色，史湘云的个性特点，宝玉的黛玉情结等。

第四场，姥姥游园。《红楼梦》为刘姥姥安排了两次进园，涉及到的人物和事件包括凤姐对刘姥姥的用心，贾母对刘姥姥的同情和喜爱，游园点出了宝钗住所过于素淡，刘姥姥的聪明诙谐及醉卧宝玉房，刘姥姥眼中的大观园，刘姥姥满载而归等。在这一场景中对待刘姥姥的态度成了红楼各色人等命运的试金石，对刘姥姥同情的、怀有善意的，最终结局都相对好些，如贾母、王夫人、宝钗、袭人、巧姐、平儿等，对刘姥姥挖苦取笑、冷嘲热讽的，结局就相对悲惨一些。

第五场，"红楼二尤"。在这一场景中尤二姐、尤三姐悉数登场，为贾家衰败提供了催化剂。有评论家认为，"二尤"的故事是从别的小说里嫁接过来的，所以相对独立，我不这样认为，因为与此有关的人和事太多了，是书中不可或缺的好章节，涉及到的人物和事件包括贾琏偷娶，凤姐设计，加害张华，兄弟遭羞，尤三姐情断柳湘莲等，本回的要害处是点出了贾家人的荒淫无耻，混乱常纲，又有王熙凤欲加害张华并致尤二姐死之"硬伤"，看似王熙凤"法力无边"，实则为抄家埋下祸患。

第六场，探春行权。在这一场景中以探春为首的年轻人兴利除弊，其中宝钗作为一个客人的协助也展现了其管理家族的能力，为以后成为女主人埋下伏笔。关于探春行权的回目虽然笔墨不多，但分量很重，也展现了探春不亚于王熙凤的管理能力，从行权中处处掣肘也反衬了贾家不可逆转的大势所趋。涉及到的人物和事件包括因地制宜挖潜，探春生母赵姨娘的不合时宜，凤姐身体出现状况，内部查检大观园，贾家在一个短暂的小阳春下内部已失去章法。

第七场，查抄贾府。查抄大观园给贾家致命一击，导致了贾府元气大伤。涉及到的人物和事件包括元妃去世，两次查抄贾府，革职流放，贾母拿出私房渡难关，小偷洗劫等。这两次查抄除了小人告刁状，更直接的诱因就是聪明反被聪明误的王熙凤胆大妄为，铤而走险，最终事情败露。像偷放高利贷、以权谋私、雇凶杀人，已触犯"天条"，无可救药。导致查抄的还有贾赦的强取豪夺，激起众怒等。应了探春所说的家族问题都是从内部烂起的明示。

第八场，金玉良缘。在这一场景中金玉良缘战胜了木石姻缘，《红楼梦》进入收官阶段。涉及到的人物和事件包括调包记，黛玉焚稿，宝玉迷情等。不管林黛玉和贾宝玉之间的爱情多么高尚纯洁，这种乌托邦或柏拉图式的爱情最终屈服于封建伦理和人际关系，死亡便成了这场爱情的归宿。黛玉之死既是对封建社会包办婚姻的控诉，也直接升华了这场爱情悲剧的社会学意义。《红楼梦》这种不尽如人意的结局，不正是现实生活的写照吗？而从另一个层面说，宝钗实现了金玉良缘的最终追求，但现实同样给了她无奈的结局。

第九场，宝玉出家。回归鸿蒙。宝玉和黛玉是合体，一个走了，另一个也就没有精神层面的存在意义和价值。涉及到的人物和事件包括宝玉失玉，考取功名，撒手而去，与父告别等，虚幻又真实。宝玉一心向佛的本质是对现实生活的绝望和无助，对功名的厌恶和不屑的解脱。遁世和出家，这是宝玉爱情和亲情，入世和出世矛盾性的必然逻辑。

第十场，重整家园。在这一场景中由"兰桂齐芳"铺垫了家族复兴的一丝希望。涉及到的人物和事件包括贾兰中举，宝钗身孕，贾政反思，红楼终结等。红学界的众多专家学者对"兰桂齐芳"大加鞭挞，我却认为有其合理性。"兰桂齐芳"的结局是曹雪芹追求相融人格在现实生活中的反映，正是因为有了"兰桂齐芳"，才使得贾家有了微弱的复兴火种，可是贾兰刚刚入仕，宝钗也只是怀了宝玉的遗腹子，家族复兴之路何其遥远！即便有"兰桂齐芳"的愿望，也只是一种良好的祝愿而已,并不能降低全书的悲剧性。

　　实际上,主张完全毁灭论者,也是一种思维定式,即认为贾家就是封建社会的缩影,封建社会无解,贾家为封建社会的一环,也必然万劫不复,这是一种简单地把社会制度同人类命运画等号的做法。马克思主义认为,资本主义产生的是资本主义生产方式。由此出发,在不同的社会制度下,必然会产生不同的生产方式。人类社会的发展呈螺旋式上升,家庭不会因为社会制度的局限而解体,必然会在痛定思痛后寻找新的发展机会。刘禹锡云:"沉舟侧畔千帆过,病树前头万木春。"白居易云:"野火烧不尽,春风吹又生。"何况是生生不息的家族!

八、宝玉抑或贾琏

　　贾宝玉是曹雪芹的艺术形象吗?一般把贾宝玉和曹雪芹对号入座,有的学者说得更干脆"《红楼梦》就是曹雪芹的自传体小说",附和者也不少。这些人认为贾宝玉的生活场景与曹雪芹家族败落前很像,锦衣玉食、鲜衣怒马、花天酒地,所以曹雪芹在创作时对自己的生活经历进行了艺术化处理,通过贾宝玉抒发心中的理想和追求。曹雪芹创作的《红楼梦》实现了塑造情节和传递思想的相互统一,达到了无人能及的"兼美"高度。既如此，曹雪芹就有意把自己塑造为《红楼梦》暗藏的男主角吗？我对此持怀疑态度。或许经过考证能发现书中的生活场景有曹雪芹生活的影子，但曹雪芹未必就是贾宝玉。因为贾宝玉的生活轨迹并不完整，只是在大观园这个封闭空间里得到了释放生命的机会，也因此没能完成由家庭走向社会的角色转变，可最后考完进士连家门都没回就出家了，按年龄推算，此时的贾宝玉还不到 20 岁，没有从政经历也就谈不上对官场的厌恶。

贾宝玉是曹雪芹心目中理想人格的化身，品性完美、与人为善、嫉恶如仇、态度鲜明，但现实映照出的是势单力薄、身不由己、众叛亲离、一片凄凉。这是曹雪芹创作理想与现实世界的冲突，也是曹雪芹内心的纠结与矛盾，所以最后只能以贾宝玉出家完成并不完美的人物塑造。由此想，贾宝玉只是曹雪芹心中希望实现的理想人格，并不能同现实中的曹雪芹画等号。贾宝玉这条理想之路走不通，那么甄宝玉的现实设定是不是可行呢？同样是甄宝玉在现实中并没有取得仕途的成功，这也导致曹雪芹在故事设计上陷入了"失玉"的迷茫。进入曹雪芹真与假的世界，他既想揭露社会腐朽的一面，又担心揭露过多引起负面影响，因而采取了神仙介入和真事隐去的亦梦亦幻亦真亦假的写作手法。在不同领域我们也能看到这种现象，比如有些画家为了让自己在画作中留下印记，一般会把自己隐藏在不起眼的角落。从曹雪芹的创作思路看，既认识到作品可能带来的风险，否则也不会"假以村言"，更没有必要把自己塑造成树大招风的贾宝玉。

那么在书中，谁的经历与曹雪芹最为相似又处于从属角色呢？我认为应该是比较窝囊平庸世俗但还算正直善良孝顺的贾琏。而曹雪芹的真实生活经历，在贾琏身上都有所体现。比如：贾琏结过婚，也有丧子之痛（凤姐小产、尤二姐小产）；因为家族袭官，也有过平淡的从政经历。在官场中，他接触的为官者有正面形象，如北静王，也有贪官污吏，如卖官者、受贿者、糊涂者、欺人者，看到了官场的腐败和相互倾轧，贾琏心灰意冷；作为贾府的"孙子辈"，基本做到了孝敬父母，对下人平等相待，当然也有"公子哥"的滥情。在《红楼梦》里，贾琏虽不是主角，但是贾家大小事务的参与者、见证者，这种生活轨迹同曹雪芹的生活轨迹是一致的。贾琏经历了生活的繁华和艰辛，也经历了从政的风险，对生命的反思也更加强烈。在《红楼梦》里，除了贾府的当家人贾母、贾政外，能够里外应酬的应该就是贾琏。他是贯穿《红楼梦》始终的人物，一个相对完整的生命个体，活出了真实感，而这些都是贾宝玉所不曾经历过的。在书中，贾琏和贾宝玉是"兄弟辈"，令人好奇的是两人似乎没有任何交集，是否是曹雪芹有意设置了两个可以相互观望的生活场景：现实的生活状态和理想的生活状态，而贾琏和贾宝玉就生活在这两个不同的场景里，贾琏是生活中的曹雪芹，贾宝玉是理想中的曹雪芹。

九、揭秘还是赏析

记得刘谦的魔术刚登上春晚时，引起大众的浓厚兴趣。虽然绝大多数观众是欣赏魔术的奇幻和"超自然"，不太关注其背后的手法，但也有个别好事者毫不关心魔术本身，反而急于破解魔术背后的秘密，并竞相交流破解心得，分享探秘的快感和刺激。说白了，魔术就是借助道具和手法"制造假象"，并没有飞檐走壁的真功夫。公开了魔术的道具和手法，还怎么能使人觉得神奇呢？所以，好事者揭秘魔术，是对魔术以及魔术师的一种伤害，魔术师不得不恳请大家不要砸饭碗。还有一些魔术节目的主持人或参与者不知出于何种考虑，反复表明自己不是"托"，实际上是不是"托"又有什么关系呢？如果你能配合魔术师顺利完成一场魔术，功莫大焉！魔术背后的故事并不精彩，精彩的是魔术本身。对《红楼梦》而言，这个比喻也许不恰当，但当尘埃落定，还是希望红学界的专家学者们更多地去关注、解析这部伟大作品给读者带来的启迪和教益。

如何阅读《红楼梦》，不妨从四性即历史性、文学性、社会性、警示性入手。

首先，要关注小说设定的历史年代，了解当时的社会政治结构。不管假托也好，隐去真事也罢，任何一部文学作品会或多或少地反映社会生活，依托于一定的时代背景而存在。《红楼梦》尽管不如纯历史体裁的小说如《康熙大帝》《大秦帝国》深入封建社会内部，但还是带有浓重且深厚的历史印记。像"葫芦僧胡判葫芦案"所揭露的权力被大家族控制的官场腐败；像贾蓉买官秦可卿死封龙禁尉那样官场买卖；像各种"王"们盘根错节钩心斗角的复杂关系；像一人得道鸡犬升天，一人失意株连九族的人治社会；像封建社会末期万户萧疏分崩离析的社会百态等，都为我们认识封建社会提供了很好的话本。

其次，要关注《红楼梦》难以复制的文学价值和曹雪芹强大的文学塑造力。如前所述，《红楼梦》是由一僧一道把我们带进了精妙绝伦的文学圣殿，"草蛇伏线，灰延千里"，剧情的丰富性、复杂性、逻辑性达到了我国古典文学的最高峰。除了铺设多样化的故事架构，在人物塑造上，也是一人一面，台词各异，角色使命不同，故事发展奇绝。我以为"诗是文学的精灵"，而《红楼梦》中诗词歌赋已不是炫技式的装点门面，而成为整体作品中不可或缺的一部分。可以说达到了诗词歌赋信手拈来，经典名句频频迭出，任何一部文学作品都没能像《红楼梦》把诗词歌赋如此巧妙地与故事嵌接在一起，甚至阅读到一定程度，只是为了细细揣摩诗词的独到韵味。《红楼梦》作为一部古典文学作品的文学价值、艺术魅力和社会影响达到了世人难以企及的高度。

再次，要关注中华优秀传统文化在俗常生活中的传承，这是属于我们自己的文化基因。《红楼梦》开创了不同于《西游记》《三国演义》《水浒传》的叙事风格，这种叙事转变的意义在于为我们还原和保存了中华优秀传统文化基因。尽管《红楼梦》成书时间早，但在今天读来待人待物、风俗习惯、吃穿用度、人情世故等毫无违和感。我们常说中华民族是唯一没有历史断点的民族，其实文化的传承不只依赖于《史记》《论语》，也依赖于这些看似世俗的生活琐事和风土人情。没有普罗大众的世俗生活，中华优秀传统文化就缺乏扎实的根基。

最后，要关注《红楼梦》的警示作用，挖掘其社会价值。尽管这不是《红楼梦》的主题，但一个家族由盛转衰必然有促成兴衰转折的条件。一部作品能够被欣赏和传世，除了情节故事引人入胜，更是能透过作品看到更多的人生体会和教益。贾家辉煌百余载，惰性十足，衰是必然的，但这种衰更多的是人为因素，比如吃喝玩乐、不思进取、纲常缺失、道德沦丧、以权谋私、贪赃枉法、内部争斗、相互掣肘、铺张浪费、疏于管理等。社会发展都是由一个个小事件串联而成，这种看似平常的因素，在日积月累中孕育出了历史巨变的必然。

《红楼梦》演绎了在封建社会末期"树倒猢狲散"的悲剧结局，揭示了封建社会走向没落的一般规律，表达了作者对封建社会的绝望和无解以及希望家族再获生机的良好愿望，达到了以小见大的深刻目的，其中的教训是值得高度重视和汲取的。[1]

---

[1] 本文曾刊登在《长江论坛》2022年第四期。刊物因篇幅所限，刊用时做了较大删节。本次刊用为全文，并重新作了全面修改和调整。——作者注

后 记

　　为本书写"后记",是书稿完成后才想起的事情。因为许多的想法在自序中已有所涉及,似没有再写"后记"的必要。但从读者的角度出发,在阅读一部作品时习惯先读"前言"和"后记",待对作者的写作意图和创作背景有所了解后,再去看"正文"。有些书没有"后记",还有意犹未尽之感。所以,为了阅读的完整性,还是动笔写下了这段文字。

　　如果从大学毕业参加工作算起,转眼近40年。庆幸赶上了一个波澜壮阔的好时代,伟大的祖国在改革开放的礼炮声中,经历了思想解放,经历了历史的重大转折,经历了从温饱到全面小康的质的飞跃,创造了新中国最伟大的建设成就,中国共产党正带领全国人民踔厉奋发向第二个百年奋斗目标迈进。个人的一切都沉浸在时代的大背景之下,从"轻舟已过万重山"的高昂雄心到"停车坐爱枫林晚"的浓烈绚丽,人生在这种景物的转换中,跟随、亲历、见证了伟大的时代变革,丰富了自己的实践体验和思想积淀。

每一次创作犹如心灵的跋涉,本书的主题是人生感悟,更要全身心投入其间。写作本书的主要目的是通过回忆梳理几十年的生活、工作经历,感恩遇到的每一个人、过往的每一件事,客观记录自己的所思所想,为伟大的时代作注。每个人的成长环境不同、工作经历不同、人生阅历不同,有些看似行之有效的经验和做法未必适合他人,千万不能"削足适履"。我所能做的唯有守住公正干净之心,以积极乐观为追求,用现实生活作基础,写出人生的从容和真实。写作过程中我最大担心的是写成"心灵鸡汤"式的说教,所以时常提醒自己保持创作初衷,写出自我的真实体验和感受,每一个句段都要力争给读者带来新启迪,哪怕是获得一些新的知识也好。实际上,做到这点也并非易事,必须时刻调动自己鲜活的思想和笔触。写作过程也是潜心学习的过程,与前辈先贤的对话使自己的思考找到了源头活水,获得了身心共鸣,行走在他们中间,仿佛仰看非凡的星辰。为防挂一漏万,在这里不一一列举这些名师大家,向所有为人类美好生活奉献智慧的人们致以敬意。

选用《人生感悟录》作为书名,是一刹那闪入脑际的念头,也许选择一个新潮的名字更能吸引读者的眼球,但我还是尊重了最初的想法。我的整个写作和修改历时两年左右,除了创作本身的冲动,也通过写作过程填补这一时段的思维空白,给自己不能得闲的习惯找一个说辞。当你行进在过往之中,会钩沉起或深或浅、或近或远的片段,并成为昨日勇毅前行的记忆。尽管做了很多努力,在面对千姿百态的生活和修养极高的阅读者时,创作者再好的写作意愿可能只是纯粹个人的体悟和认知。作品虽数易其稿,并增删了很多篇章,也未必能摆脱肤浅、造作和空洞,不尽如人意之处还不少。

在本书写作过程中,我还穿插创作了另一部诗集。两部作品的表达方式不同,但面对的是同样丰富多彩的生活,用诗的语言升华人生感悟,用人生感悟"武装"诗行,这个过程也是难得的创作体验。我的专业是政治经济学,攻读硕士期间,侧重于世界经济;攻读博士期间,侧重于经济管理,都没有离开"经济"的范畴。因此写作并不是我的本行和专业,只是想把自己积累的人生随想和心路历程与年轻朋友们分享。一位哲人说过,昨天有比今天更多的未来。我愿意相信,我们每个人的今天都有相同的未来,不是吗?每一个昨天都是今天,同样每一个今天也都会变成昨天。愿每一位朋友都能抓住当下,拥有了今天,也就拥有了更多的未来。

心中容得下山河，则处处鸟语花香。感谢生活，感谢朋友和亲人们，与你们相处的分秒，铢积寸累起丰富的营养、美好的回忆和感人的过往，都是无价之宝。

感恩生活赋予的一切！

2024 年 1 月